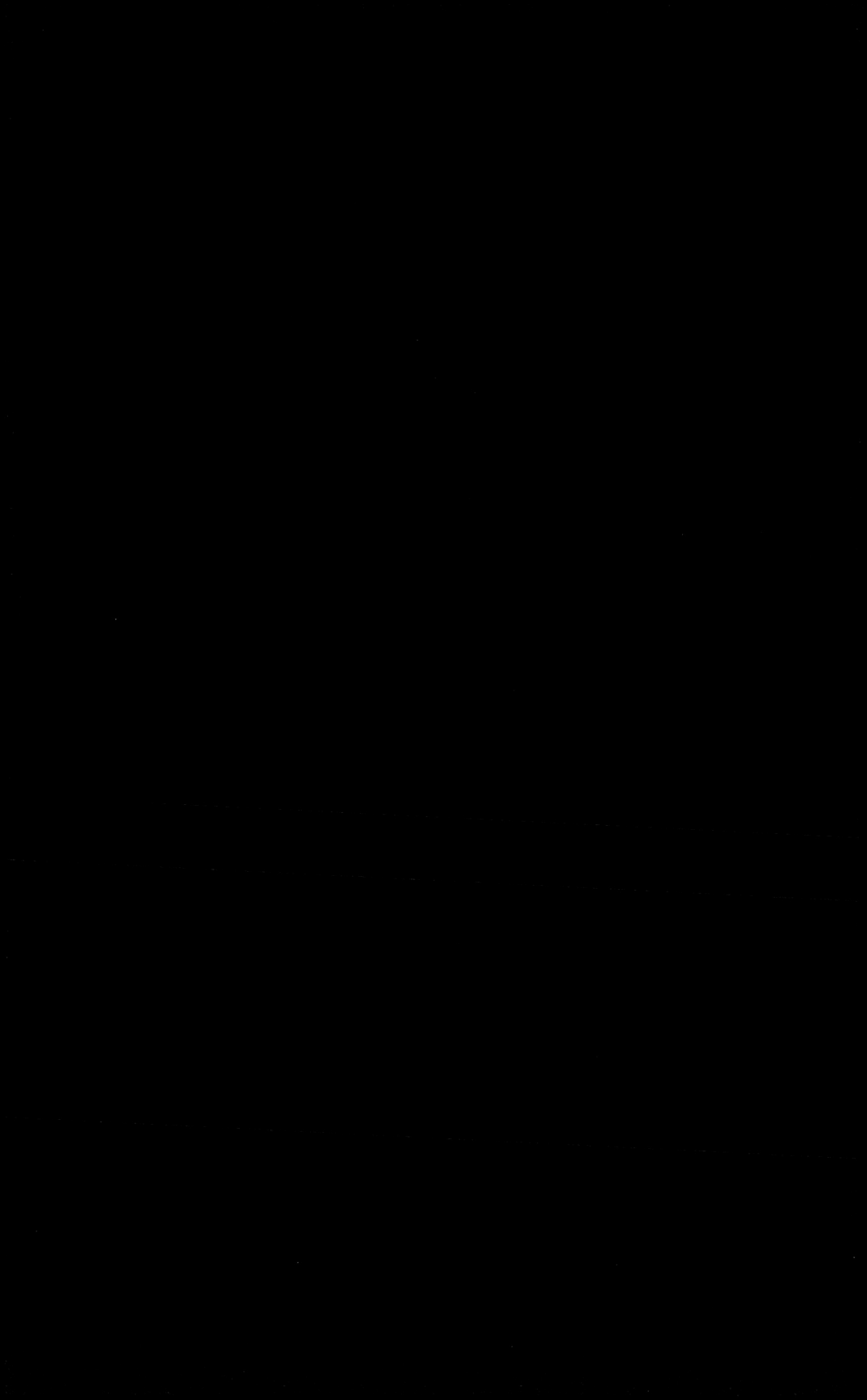

蔡元培 著

中国伦理学史

（外一种）

山西出版传媒集团　山西人民出版社

图书在版编目(CIP)数据

中国伦理学史：外一种／蔡元培著. —太原：山西人民出版社，2020.9
ISBN 978-7-203-11524-3

Ⅰ.①中… Ⅱ.①蔡… Ⅲ.①伦理学史—中国 Ⅳ.① B82-092

中国版本图书馆 CIP 数据核字（2020）第 132884 号

中国伦理学史：外一种

著　　者：	蔡元培
责任编辑：	魏美荣
复　　审：	傅晓红
终　　审：	秦继华
装帧设计：	老　刀
出　版　者：	山西出版传媒集团·山西人民出版社
地　　址：	太原市建设南路 21 号
邮　　编：	030012
发行营销：	0351-4922220　4955996　4956039　4922127（传真）
天猫官网：	https://sxrmcbs.tmall.com　　电　话：0351-4922159
E-mail：	sxskcb@163.com　发行部
	sxskcb@126.com　总编室
网　　址：	www.sxskcb.com
经　销　者：	山西出版传媒集团·山西人民出版社
承　印　厂：	天津画中画印刷有限公司
开　　本：	650mm×960mm　1/16
印　　张：	19.5
字　　数：	260 千字
印　　数：	1—5000 册
版　　次：	2020 年 9 月　第 1 版
印　　次：	2020 年 9 月　第 1 次印刷
书　　号：	ISBN 978-7-203-11524-3
定　　价：	58.00 元

如有印装质量问题请与本社联系调换

目录 contents

绪　论 ··· 001

第一期　先秦创始时代

第一章　总论 ··· 007

第二章　唐虞三代伦理思想之萌芽 ······················· 008

（一）儒　家 ·· 013

第三章　孔子 ··· 013

第四章　子思 ··· 017

第五章　孟子 ··· 019

第六章　荀子 ··· 023

（二）道　家 ·· 027

第七章　老子 ··· 027

第八章　庄子 ··· 032

（三）农　家 ·· 039

第九章　许行 ··· 039

（四）墨　家 ·· 041

第十章　墨子 …………………………………………… 041

(五) 法　家 ……………………………………………… 047

第十一章　管子 ………………………………………… 047

第十二章　商君 ………………………………………… 051

第十三章　韩非子 ……………………………………… 053

第一期结论 ……………………………………………… 058

第二期　汉唐继承时代

第一章　总说 …………………………………………… 063

第二章　淮南子 ………………………………………… 065

第三章　董仲舒 ………………………………………… 071

第四章　扬雄 …………………………………………… 074

第五章　王充 …………………………………………… 077

第六章　清谈家之人生观 ……………………………… 080

第七章　韩愈 …………………………………………… 086

第八章　李翱 …………………………………………… 089

第二期结论 ……………………………………………… 091

第三期　宋明理学时代

第一章　总说 …………………………………………… 095

第二章　王荆公 ………………………………………… 098

第三章　邵康节 ………………………………………… 101

第四章　周濂溪	104
第五章　张横渠	107
第六章　程明道	110
第七章　程伊川	114
第八章　程门大弟子	117
第九章　朱晦庵	119
第十章　陆象山	123
第十一章　杨慈湖	127
第十二章　王阳明	129
第三期结论	133

附录　蔡元培演讲录

对于新教育之意见	137
世界观与人生观	145
《学风》杂志发刊词	150
吾侪何故而欲归国乎	156
华法教育会之意趣	158
对于送旧迎新二图之感想	161
在信教自由会之演说	164
就任北京大学校长演说词	167
在清华学校高等科演说词	170
以美育代宗教说	174

中国大学四周年纪念演说词	180
在北京留法俭学会预备学校开学式演说词	183
北京大学二十周年纪念会演说词	186
北京大学之进德会旨趣书	188
北京大学校役夜班开学式演说	192
北京大学画法研究会旨趣书	194
新教育与旧教育之歧点	195
欢迎杜卜先生演说词	198
北京大学开学式之演说	200
北京大学新闻学研究会成立之演说	201
中法协进公会开会词	203
在北京大学画法研究会之演说词	205
《北京大学月刊》发刊词	207
黑暗与光明的消长	210
劳工神圣	214
哲学与科学	215
教育之对待的发展	221
贫儿院与贫儿教育的关系	224
科学之修养	230
辞北京大学校长职出京启事	234
告北京大学学生暨全国学生联合会书	236
北京大学二十二周年开学式之训词	239

回任北京大学校长在全体学生欢迎会演说……………… 241

杜威博士六十生日晚餐会演说词……………………… 243

在北京大学音乐研究会之演说词……………………… 245

在李超女士追悼会的演说……………………………… 246

文化运动不要忘了美育………………………………… 248

我之欧战观……………………………………………… 250

北京孔德学校二周年纪念会演说词…………………… 254

在林德扬君追悼会之演说……………………………… 256

去年五月四日以来的回顾与今后的希望……………… 259

工学互助团的大希望…………………………………… 261

在北京大学平民夜校开学日的演说…………………… 264

洪水与猛兽……………………………………………… 266

美术的起源……………………………………………… 268

在国语讲习所的演说…………………………………… 291

国立北京大学校旗图说………………………………… 296

《法政学报》周年纪念会演说词……………………… 298

在北京高等师范学生自治会演说词…………………… 302

绪　论

伦理学与修身书之别　修身书，示人以实行道德之规范者也。民族之道德，本于其特具之性质、固有之条教，而成为习惯。虽有时亦为新学殊俗所转移，而非得主持风化者之承认，或多数人之信用，则不能骤入于修身书之中，此修身书之范围也。伦理学则不然，以研究学理为的。各民族之特性及条教，皆为研究之资料，参伍而贯通之，以归纳于最高之观念，乃复由是而演绎之，以为种种之科条。其于一时之利害，多数人之向背，皆不必顾。盖伦理学者，知识之径途；而修身书者，则行为之标准也。持修身书之见解以治伦理学，常足为学识进步之障碍。故不可不区别之。

伦理学史与伦理学根本观念之别　伦理学以伦理之科条为纲，伦理学史以伦理学家之派别为叙。其体例之不同，不待言矣。而其根本观念，亦有主观、客观之别。伦理学者，主观也，所以发明一家之主义者也。各家学说，有与其主义不合者，或驳诘之，或弃置之。伦理学史者，客观也。在抉发各家学说之要点，而推暨其源流，证明其迭相乘除之迹象。各家学说，与作者主义有违合之点，虽可参以评判，而不可以意取去，漂没（原意为冲没，更深一层含义指克扣——编者注）其真相。此则伦理学史根本观念之异于伦理学者也。

我国之伦理学 我国以儒家为伦理学之大宗。而儒家，则一切精神界科学，悉以伦理为范围。哲学、心理学，本与伦理有密切之关系。我国学者仅以是为伦理学之前提。其他曰为政以德，曰孝治天下，是政治学范围于伦理也；曰国民修其孝弟忠信，可使制梃以挞坚甲利兵，是军学范围于伦理也；攻击异教，恒以无父无君为词，是宗教学范围于伦理也；评定诗古文辞，恒以载道述德眷怀君父为优点，是美学亦范围于伦理也。我国伦理学之范围，其广如此，则伦理学宜若为我国唯一发达之学术矣。然以范围太广，而我国伦理学者之著述，多杂糅他科学说。其尤甚者为哲学及政治学。欲得一纯粹伦理学之著作，殆不可得。此为述伦理学史者之第一畏途矣。

我国伦理学说之沿革 我国伦理学说，发轫于周季。其时儒墨道法，众家并兴。及汉武帝罢黜百家，独尊儒术，而儒家言始为我国唯一之伦理学。魏晋以还，佛教输入，哲学界颇受其影响，而不足以震撼伦理学。近二十年间，斯宾塞尔之进化功利论，卢骚之天赋人权论，尼采之主人道德论，输入我国学界。青年社会，以新奇之嗜好欢迎之，颇若有新旧学说互相冲突之状态。然此等学说，不特深研而发挥之者尚无其人，即斯、卢诸氏之著作，亦尚未有完全移译者。所谓新旧冲突云云，仅为伦理界至小之变象，而于伦理学说无与也。

我国之伦理学史 我国既未有纯粹之伦理学，因而无纯粹之伦理学史。各史所载之儒林传道学传，及孤行之宋元学案、明儒学案等皆哲学史，而非伦理学史也。日本木村鹰太郎氏，述东洋伦理学史（其全书名《东西洋伦理学史》，兹仅就其东洋一部分言之），始以西洋学术史之规则，整理吾国伦理学说，创通大义，甚裨学子。而其间颇有依据伪书之失，其批评亦间失之武断。其后又有久保得二氏，述东洋伦理史要，则考证较详，评断较慎。而其间尚有蹈木村氏之覆辙者。木村氏之言曰："西洋伦理学史，西洋学者名著甚多，因而为之，其事不难；东洋伦理学史，则昔所未有。若博读东洋学说而未谂西洋哲学科学之律贯，或仅治西洋伦理学而未通东方学派者，皆不足以胜创始之任。"谅哉言也。鄙人于东西伦理学，所涉均浅，而勉承兹乏，则以木村、久保二氏之作为本。而于所不安，则以记忆所及，参考所得，删补而订正之。正恐疏略谬误，所在多有。幸读者注意焉。

第一期　先秦创始时代

第一章　总论

伦理学说之起源　伦理界之通例，非先有学说以为实行道德之标准，实伦理之现象，早流行于社会，而后有学者观察之、研究之、组织之，以成为学说也。在我国唐虞三代间，实践之道德，渐归纳为理想。虽未成学理之体制，而后世种种学说，滥觞于是矣。其时理想，吾人得于《易》《书》《诗》三经求之。《书》为政事史，由意志方面，陈述道德之理想者也；《易》为宇宙论，由知识方面，本天道以定人事之范围；《诗》为抒情体，由感情方面，揭教训之趣旨者也。三者皆考察伦理之资也。

我国古代文化，至周而极盛。往昔积渐萌生之理想，及是时则由浑而画，由暧昧而辨晰。循此时代之趋势，而集其理想之大成以为学说者，孔子也。是为儒家言，足以代表吾民族之根本理想者也。其他学者，各因其地理之影响，历史之感化，而有得于古昔积渐萌生各理想之一方面，则亦发挥之而成种种之学说。

各家学说之消长　种种学说并兴，皆以其有为不可加，而思以易天下，相竞相攻，而思想界遂演为空前绝后之伟观。盖其时自儒家以外，成一家言者有八。而其中墨、道、名、法，皆以伦理学说占其重要之部分者也。秦并天下，尚法家；汉兴，颇尚道家；及武帝从董仲舒之说，循民族固有之理想而尊儒术，而诸家之说熸矣。

第二章　唐虞三代伦理思想之萌芽

伦理思想之基本　我国人文之根据于心理者，为祭天之故习。而伦理思想，则由家长制度而发展，一以贯之。而敬天畏命之观念，由是立焉。

天之观念　五千年前，吾族由西方来，居黄河之滨，筑室力田，与冷酷之气候相竞，日不暇给。沐雨露之惠，懔水旱之灾，则求其源于苍苍之天。而以为是即至高无上之神灵，监吾民而赏罚之者也。及演进而为抽象之观念，则不视为具有人格之神灵，而竟认为溥博自然之公理。于是揭其起伏有常之诸现象，以为人类行为之标准。以为苟知天理，则一切人事，皆可由是而类推。此则由崇拜自然之宗教心，而推演为宇宙论者也。

天之公理　古人之宇宙论有二：一以动力说明之，而为阴阳二气说；一以物质说明之，而为五行说。二说以渐变迁，而皆以宇宙之进动为对象：前者由两仪而演为四象，由四象而演为八卦，假定八者为原始之物象，以一切现象，皆为彼等互动之结果。因以确立现象变化之大法，而应用于人事。后者以五行为成立世界之原质，有相生相克之性质。而世界各种现象，即于其性质同异间，有因果相关之作用，故可以由此推彼。而未来之现象，亦得而预察之。两者立论之基本，虽有径庭，而于天理人事同一法则之根本义，则若合符节。盖于天之主体，初未尝极深研究，而即以假定之观念推演之，以应用于实际之事象。此吾国古人之言天，所以不同于西方宗教家，而特为伦理学最高观念之代表也。

天之信仰 天有显道，故人类有法天之义务，是为不容辨证之信仰，即所谓顺帝之则者也。此等信仰，经历世遗传，而浸浸成为天性。如《尚书》中君臣交警之词，动必及天，非徒辞令之习惯，实亦于无意识中表露其先天之观念也。

天之权威 古人之观天也，以为有何等权威乎。《易》曰："刚柔相摩，鼓之以雷霆，润之以风雨。日月运行，一寒一暑。乾道成男，坤道成女。乾知大始，坤作成物。"谓天之于万物，发之收之，整理之，调摄之，皆非无意识之动作，而密合于道德，观其利益人类之厚而可知也。人类利用厚生之道，悉本于天，故不可不畏天命，而顺天道。畏之顺之，则天赐之福。如风雨以时，年谷顺成，而余庆且及于子孙；其有侮天而违天者，天则现种种灾异，如日月告凶、陵谷变迁之类，以警戒之；犹不悔，则罚之。此皆天之性质之一斑见于诗书者也。

天道之秩序 天之本质为道德。而其见于事物也，为秩序。故天神之下有地祇，又有日月星辰山川林泽之神，降而至于猫、虎之属，皆统摄于上帝。是为人间秩序之模范。《易》曰："天尊地卑，乾坤定矣。卑高以陈，贵贱位矣。"此其义也。以天道之秩序，而应用于人类之社会，则凡不合秩序者，皆不得为道德。《易》又曰："有天地然后有万物，有万物然后有男女，有男女然后有夫妇，有夫妇然后有父子，有父子然后有君臣，有君臣然后有上下，有上下然后礼义有所错。"言循自然发展之迹而知秩序之当重也。重秩序，故道德界唯一之作用为中。中者，随时地之关系，而适处于无过不及之地者也。是为道德之根本。而所以助成此主义者，家长制度也。

家长制度 吾族于建国以前，实先以家长制度组织社会，渐发展而为三代之封建。而所谓宗法者，周之世犹盛行之。其后虽又变封建而为郡县，而家长制度之精神，则终古不变。家长制度者，实行尊重秩序之道，自家庭始，而推暨之以及于一切社会也。一家之中，父为家长，而兄弟姊妹又以长幼之序别之。以是而推之于宗族，若乡党，以及国家。君为民之父，臣民为君之子，诸臣之间，大小相维，犹兄弟也。名位不同，而各有适于其时地之道德，是谓中。

古先圣王之言动 三代以前，圣者辈出，为后人模范。其时虽未谙科学规则，且亦鲜有抽象之思想，未足以成立学说，而要不能不视为学说之萌芽。太古之事邈矣，伏羲作《易》，黄帝以道家之祖名。而考其事实，自发明利用厚生诸述外，可信据者盖寡。后世言道德者多道尧舜，其次则禹汤文武周公，其言动颇著于《尚书》，可得而研讨焉。

尧 《书》曰："尧克明峻德，以亲九族，平章百姓，协和万邦。黎民于变时雍。"先修其身而以渐推之于九族，而百姓，而万邦，而黎民。其重秩位如此。而其修身之道，则为中。其禅舜也，诫之曰"允执其中"是也。是盖由种种经验而归纳以得之者。实为当日道德界之一大发明。而其所取法者则在天。故孔子曰："巍巍乎惟天为大，惟尧则之，荡荡乎民无能名也。"

舜 至于舜，则又以中之抽象名称，适用于心性之状态，而更求其切实。其命夔教胄子曰："直而温，宽而栗，刚而无虐，简而无傲。"言涵养心性之法不外乎中也。其于社会道德，则明著爱有差等之义。命契曰："百姓不亲，五品不逊，汝为司徒，敬敷五教在宽。"五品、五教，皆谓于社会间，因其伦理关系之类别，而有特别之道德也。是谓五伦之教，所谓父子有亲，君臣有义，夫妇有别，长幼有序，朋友有信，是也，其实不外乎执中。唯各因其关系之不同，而别著其德之名耳。由是而知中之为德，有内外两方面之作用，内以修己，外以及人，为社会道德至当之标准。盖至舜而吾民族固有之伦理思想，已有基础矣。

禹 禹治水有大功，克勤克俭，而又能敬天。孔子所谓"禹，吾无间然"，"菲饮食而致孝乎鬼神，恶衣服而致美乎黻冕，卑宫室而尽力乎沟洫"，是也。其伦理观念，见于箕子所述之《洪范》。虽所言天锡畴范，迹近迂怪，然承尧舜之后，而发展伦理思想，如《洪范》所云，殆无可疑也。《洪范》所言九畴，论道德及政治之关系，进而及于天人之交涉。其有关于人类道德者，五事，三德，五福，六极诸畴也。分人类之普通行动为貌言视听思五事，以规则制限之：貌恭为肃，言从为乂，视明为哲，听聪为谋，思睿为圣。一本执中之义，而科别较详。其言三德：曰正直，曰刚克，曰柔克。而五福：曰寿，曰富，曰康宁，曰攸好德，曰考终命。六极：曰凶短折，曰疾，曰忧，曰贫，曰恶，曰弱。盖谓神人有感应之理，则天之赏罚，所不得免，而因以确定人类未来之理想也。

皋陶 皋陶教禹以九德之目，曰：宽而栗，柔而立，愿而恭，乱而敬，扰而毅，直而温，简而廉，刚而塞，强而义。与舜之所以命夔者相类，而条目较详。其言天聪明自我民聪明，天明威自我民明威，则天人交感，民意所向，即天理所在，亦足以证明《洪范》之说也。

商周之革命　夏殷周之间，伦理界之变象，莫大于汤武之革命。其事虽与尊崇秩序之习惯，若不甚合，然古人号君曰天子，本有以天统君之义，而天之聪明明威，皆托于民，即武王所谓天视自我民视，天听自我民听者也，故获罪于民者，即获罪于天，汤武之革命，谓之顺乎天而应乎民，与古昔伦理、君臣有义之教，不相背也。

三代之教育　商周二代，圣君贤相辈出。然其言论之有关于伦理学者，殊不概见。其间如伊尹者，孟子称其非义非道一介不取与，且自任以天下之重。周公制礼作乐，为周代文化之元勋。然其言论之几于学理者，亦未有闻焉。大抵商人之道德，可以墨家代表之；周人之道德，可以儒家代表之。而三代伦理之主义，于当时教育之制，有可推见。孟子称夏有校，殷有序，周有庠，而学则三代共之。《管子》有《弟子职》篇，记洒扫应对进退之教。《周官·司徒》称以乡三物教万民，一曰六德：知、仁、圣、义、中、和；二曰六行：孝、友、睦、姻、任、恤；三曰六艺：礼、乐、射、御、书、数。是为普通教育。其高等教育之主义，则见于《礼记》之《大学》篇。其言曰："大学之道，在明明德，在亲民，在止于至善。古之欲明明德于天下者，必先治其国；欲治其国者，先齐其家；欲齐其家者，先修其身；欲修其身者，先正其心；欲正其心者，先诚其意；欲诚其意者，先致其知。致知在格物。自天子以至于庶人，壹是，皆以修身为本。"循天下国家疏近之序，而归本于修身。又以正心诚意致知格物为修身之方法，固已见学理之端绪矣。盖自唐虞以来，积无量数之经验，以至周代，而主义始以确立，儒家言由是启焉。

（一）儒　家

第三章　孔子

小传　孔子名丘，字仲尼，以周灵王二十一年生于鲁昌平乡陬邑。孔氏系出于殷，而鲁为周公之后，礼文最富。故孔子具殷人质实豪健之性质，而又集历代礼乐文章之大成。孔子尝以其道遍于列国诸侯而不见用。晚年，乃删诗书，定礼乐，赞易象，修春秋，以授弟子。弟子凡三千人，其中身通六艺者，七十人。孔子年七十三而卒，为儒家之祖。

孔子之道德　孔子禀上智之资，而又好学不厌。无常师，集唐虞三代积渐进化之思想，而陶铸之，以为新理想。尧舜者，孔子所假以代表其理想而为模范之人物者也。其实行道德之勇，亦非常人之所及。一言一动，无不准于礼法。乐天知命，虽屡际困厄，不怨天，不尤人。其教育弟子也，循循然善诱人。曾点言志曰：与冠者、童子"浴乎沂，风乎舞雩，咏而归"，则喟然与之。盖标举中庸之主义，约以身作则者也。其学说虽未成立统系之组织，而散见于言论者，得寻绎而条举之。

性　孔子劝学而不尊性。故曰："性相近也，习相远也。""唯上知与下愚不移。"又曰："生而知之者，上也；学而知之者，次也；困而学之，又其次也；困而不学，民斯为下。"言普通之人，皆可以学而知之也。其于性之为善为恶，未及质言。

而尝曰："人之生也直，罔之生也幸而免。"又读《诗》至"天生烝民，有物有则，民之秉彝，好是懿德"，则叹为知道。是已有偏于性善说之倾向矣。

仁 孔子理想中之完人，谓之圣人。圣人之道德，自其德之方面言之曰仁，自其行之方面言之曰孝，自其方法之方面言之曰忠恕。孔子尝曰："仁者爱人，知者知人。"又曰："知者不惑，仁者不忧，勇者不惧。"此分心意为知识、感情、意志三方面，而以知仁勇名其德者。而平日所言之仁，则即以为统摄诸德完成人格之名。故其为诸弟子言者，因人而异。又或对同一之人，而因时而异。或言修己，或言治人，或纠其所短，要不外乎引之于全德而已。孔子尝曰："仁远乎哉？我欲仁，斯仁至矣。"又称颜回"三月不违仁，其余日月至焉"。则固以仁为最高之人格，而又人人时时有可以到达之机缘矣。

孝 人之令德为仁，仁之基本为爱，爱之源泉，在亲子之间，而尤以爱亲之情之发于孩提者为最早。故孔子以孝统摄诸行。言其常，曰养、曰敬、曰谕父母于道。于其没也，曰善继志述事。言其变，曰几谏。于其没也，曰干蛊。夫至以继志述事为孝，则一切修身、齐家、治国、平天下之事，皆得统摄于其中矣。故曰：孝者，始于事亲，中于事君，终于立身。是亦由家长制度而演成伦理学说之一证也。

忠恕 孔子谓曾子曰："吾道一以贯之。"曾子释之曰："夫子之道，忠恕而已矣。"此非曾子一人之私言也。子贡问："有一言可以终身行之者乎？"孔子曰："其恕乎。"《礼记·中庸》篇引孔子之言曰："忠恕违道不远。"皆其证也。孔子之言忠恕，有消极、积极两方面，施诸己而不愿，亦勿施于人。此消极之忠恕，揭以严格之命令者也。仁者，己欲立而立人，己欲达而达人。此积极之忠恕，行以自由之理想者也。

学问 忠恕者，以己之好恶律人者也。而人人好恶之节度，不必尽同，于是知识尚矣。孔子曰："学而不思，则罔；思而不学，则殆。"又曰："好仁不好学，其蔽也愚；好知不好学，其蔽也荡；好信不好学，其蔽也贼；好直不好学，其蔽也绞；好勇不好学，其蔽也乱；好刚不好学，其蔽也狂。"言学问之亟也。

涵养 人常有知及之，而行之则过或不及，不能适得其中者，其毗刚毗柔之气质为之也。孔子于是以诗与礼乐为涵养心性之学。尝曰："兴于诗，立于礼，成于乐。"曰："诗可以兴，可以观，可以群，可以怨。"曰："若臧武仲之知，公绰之不欲，卞庄子之勇，冉求之艺，文之以礼乐，可以为成人矣。"其于礼乐也，在领其精神，而非必拘其仪式。故曰："礼云礼云，玉帛云乎哉？乐云乐云，钟鼓云乎哉？"

君子 孔子所举，以为实行种种道德之模范者，恒谓之君子，或谓之士。曰："君子有三畏：畏天命，畏大人，畏圣人之言。"曰："君子有三戒：少之时，血气未定，戒之在色；及其壮也，血气方刚，戒之在斗；及其老也，血气既衰，戒之在得。"曰："君子有九思：视思明，听思聪，色思温，貌思恭，言思忠，事思敬，疑思问，忿思难，见得思义。"曰："文质彬彬，然后君子。"曰："君子讷于言而敏于行。"曰："君子疾没世而名不称。"曰："士，行己有耻，使于四方，不辱君命；其次，宗族称孝，乡党称弟；其次，言必信，行必果。"曰："志士仁人，无求生以害仁，有杀身以成仁。"其所言多与舜、禹、皋陶之言相出入，而条理较详。要其标准，则不外古昔相传执中之义焉。

政治与道德　孔子之言政治，亦以道德为根本。曰："为政以德。"曰："道之以德，齐之以礼，民有耻且格。"季康子问政，孔子曰："政者，正也。子率以正，孰敢不正？"亦唐、虞以来相传之古义也。

第四章　子思

小传　自孔子没后，儒分为八。而其最大者，为曾子、子夏两派。曾子尊德性，其后有子思及孟子；子夏治文学，其后有荀子。子思，名伋，孔子之孙也，学于曾子。尝游历诸国，困于宋。作《中庸》。晚年，为鲁缪公之师。

中庸　《汉书》称子思二十三篇，而传于世者唯《中庸》。中庸者，即唐虞以来执中之主义。庸者，用也，盖兼其作用而言之。其语亦本于孔子，所谓君子中庸、小人反中庸者也。《中庸》一篇，大抵本孔子实行道德之训，而以哲理疏解之，以求道德之起源。盖儒家言，至是而渐趋于研究学理之倾向矣。

率性　子思以道德为原于性，曰："天命之为性，率性之为道，修道之为教。"言人类之性，本于天命，具有道德之法则。循性而行之，是为道德。是已有性善说之倾向，为孟子所自出也。率性之效，是谓中庸。而实行中庸之道，甚非易易，贤者过之，不肖者不及也。子思本孔子之训，而以忠恕为致力之法，曰："忠恕违道不远，施诸己而不愿，亦勿施于人。"曰："所求乎子，以事父；所求乎臣，以事君；所求乎弟，以事兄；所求乎朋友，先施之。"此其以学理示中庸之范畴者也。

诚　子思以率性为道，而以诚为性之实体。曰："自诚明谓之性，自明诚谓之教。"又以诚为宇宙之主动力，故曰："诚者，自成也；道者，自道也。诚者，物之终始，不诚无物。诚者，非自成己而已也，所以成物也。成己，仁也；成物，智也。性之德也，合内外之道也，故时措之宜也。"是子思之所谓诚，即孔子之所谓仁。唯欲并仁之作用而著之，故名之以诚。又扩充其义，以为宇宙问题之解释，至诚则能尽性，合内外之道，调和物我，而达于天人契合之圣境，历劫不灭，而与天地参，虽渺然一人，而得有宇宙之价值也。于是宇宙间因果相循之迹，可以预计。故曰："至诚之道，可以前知。国家将兴，必有祯祥；国家将亡，必有妖孽。见乎蓍龟，动乎四体。祸福将至，善，必先知之，不善，必先知之，故至诚如神。"言诚者，含有神秘之智力也。然此唯生知之圣人能之，而非人人所可及也。然则人之求达于至诚也，将奈何？子思勉之以学，曰诚者，天之道也，诚之者，人之道也。诚者，不勉而中，不思而得，从容中道，圣人也。诚之者，择善而固执之者也，博学之，审问之，慎思之，明辨之，笃行之，弗能弗措。人一能之，己百之，人十能之，己千之。虽愚必明，虽柔必强。言以学问之力，认识何者为诚，而又以确固之步趋几及之，固非以无意识之任性而行为率性矣。

结论 子思以诚为宇宙之本，而人性亦不外乎此。又极论由明而诚之道，盖扩张往昔之思想，而为宇宙论，且有秩然之统系矣。唯于善恶之何以差别，及恶之起源，未遑研究。斯则有待于后贤者也。

第五章　孟子

孔子没百余年，周室愈衰，诸侯互相并吞，尚权谋，儒术尽失其传。是时崛起邹鲁，排众论而延周孔之绪者，为孟子。

小传　孟子名轲，幼受贤母之教。及长，受业于子思之门人。学成，欲以王道干诸侯，历游齐、梁、宋、滕诸国。晚年，知道不行，乃与弟子乐正克、公孙丑、万章等，记其游说诸侯及与诸弟子问答之语，为《孟子》七篇。以周赧王三十三年卒。

创见　孟子者，承孔子之后，而能为北方思想之继承者也。其于先圣学说益推阐之，以应世用。而亦有几许创见：（一）承子思性说而确言性善；（二）循仁之本义而配之以义，以为实行道德之作用；（三）以养气之说论究仁义之极致及效力，发前人所未发；（四）本仁义而言王道，以明经国之大法。

性善说　性善之说，为孟子伦理思想之精髓。盖子思既以诚为性之本体，而孟子更进而确定之，谓之善。以为诚则未有不善也。其辩证有消极、积极二种。消极之辩证，多对告子而发。告子之意，性唯有可善之能力，而本体无所谓善不善，故曰："生之为性。"曰："以人性为仁义，犹以杞柳为桮棬。"曰："人性之无分于善不善也，犹水之无分于东西也。"孟子对于其第一说，则诘之曰："然则犬之性犹牛之性，牛之性犹人之性与？"盖谓犬牛之性不必善，而人性独善也。对于其第二说，则曰："戕贼杞柳而后可以为栝棬，然则亦将戕贼人以为仁义与？"言人性不待矫揉而为仁义也。对于第三说，则曰："水信无分于东西，无分于上下乎？今夫水，搏而跃之，可使过颡；激而行之，可使在山。是岂水之性也哉？"人之为不善，亦犹是也。水无有不下，人无有不善，则兼明人性虽善而可以使为不善之义，较前二说为备。虽然，是皆对于告子之说，而以论理之形式，强攻其设喻之不当。于性善之证据，未之及也。孟子则别有积以经验之心理，归纳而得之，曰："人皆有不忍人之心。今人乍见孺子将入于井，皆有怵惕恻隐之心，非所以内交于孺子之父母也，非所以要誉于乡党朋友也，非恶其声而然也。恻隐之心，人皆有之，仁之端也；羞恶之心，人皆有之，义之端也；辞让之心，人皆有之，礼之端也；是非之心，人皆有之，智之端也。"言仁义礼智之端，皆具于性，故性无不善也。虽然，孟子之所谓经验者如此而已。然则循其例而求之，即诸恶之端，亦未必无起源于性之证据也。

欲 孟子既立性善说，则于人类所以有恶之故，不可不有以解之。孟子则谓恶者非人性自然之作用，而实不尽其性之结果。山径不用，则茅塞之。山木常伐，则濯濯然。人性之障蔽而梏亡也，亦若是。是皆欲之咎也。故曰："养心莫善于寡欲。其为人也寡欲，虽有不存焉者寡矣；其为人也多欲，虽有存焉者寡矣。"孟子之意，殆以欲为善之消极，而初非有独立之价值。然于其起源，一无所论究，亦其学说之缺点也。

义 性善，故以仁为本质。而道德之法则，即具于其中，所以知其法则而使人行之各得其宜者，是为义。无义则不能行仁。即偶行之，而亦为意识之动作。故曰："仁，人心也；义，人路也。"于是吾人之修身，亦有积极、消极两作用：积极者，发挥其性所固有之善也；消极者，求其放心也。

浩然之气 发挥其性所固有之善将奈何？孟子曰："在养浩然之气。"浩然之气者，形容其意志中笃信健行之状态也。其潜而为势力也甚静稳，其动而作用也又甚活泼。盖即中庸之所谓诚，而自其动作方面形容之。一言以蔽之，则仁义之功用而已。

求放心 人性既善，则常有动而之善之机，唯为欲所引，则往往放其良心而不顾。故曰："人岂无仁义之心哉？其所以放其良心者，亦犹斧斤之于木也，旦旦而伐之。虽然，已放之良心，非不可以复得也，人自不求之耳。"故又曰："学问之道无他，求其放心而已矣。"

孝弟 孟子之伦理说，注重于普遍之观念，而略于实行之方法。其言德行，以孝弟为本。曰："孩提之童，无不知爱其亲也。及其长也，无不知敬其兄也。亲亲，仁也；敬长，义也。无他，达之天下也。"又曰："尧、舜之道，孝弟而已矣。"

大丈夫 孔子以君子代表实行道德之人格，孟子则又别以大丈夫代表之。其所谓大丈夫者，以浩然之气为本，严取与出处之界，仰不愧于天，俯不怍于人，不为外界非道非义之势力所左右，即遇困厄，亦且引以为磨炼身心之药石，而不以挫其志。盖应时势之需要，而论及义勇之价值及效用者也。其言曰："说大人，则藐之，勿视其巍巍然，在彼者皆我所不为也，在我者皆古之制也，吾何畏彼哉？"又曰："居天下之广居，立天下之正位，行天下之大道。得志，与民由之；不得志，独行其道。富贵不能淫，贫贱不能移，威武不能屈。此之谓大丈夫。"又曰："天之将降大任于斯人也，必先苦其心志，劳其筋骨，饿其体肤，空乏其身，行拂乱其所为，然后动心忍性，增益其所不能。"此足以观孟子之胸襟矣。

自暴自弃 人之性善，故能学则皆可以为尧、舜。其或为恶不已，而其究且如桀纣者，非其性之不善，而自放其良心之咎也，是为自暴自弃。故曰："自暴者不可与有言也，自弃者不可与有为也。言非礼义，谓之自暴。吾身不能居仁由义，谓之自弃也。"

政治论 孟子之伦理说，亦推扩而为政治论。所谓有不忍人之心斯有不忍人之政者也。其理想之政治，以尧舜代表之。尝极论道德与生计之关系，劝农桑，重教育。其因齐宣王好货、好色、好乐之语，而劝以与百姓同之。又尝言国君进贤退不肖，杀有罪，皆托始于国民之同意。以舜、禹之受禅，实迫于民视民听。桀纣残贼，谓之一夫，而不可谓之君。提倡民权，为孔子所未及焉。

结论 孟子承孔子、子思之学说而推阐之，其精深虽不及子思，而博大翔实则过之，其品格又足以相副，信不愧为儒家巨子。唯既立性善说，而又立欲以对待之，于无意识之间，由一元论而嬗变为二元论，致无以确立其论旨之基础。盖孟子为雄伟之辩论家，而非沉静之研究家，故其立说，不能无遗憾焉。

第六章 荀子

小传 荀子名况,赵人。后孟子五十余年生。尝游齐楚。疾举世溷浊,国乱相继,大道蔽壅,礼义不起,营巫祝,信机祥,邪说盛行,紊俗坏风,爰述仲尼之论,礼乐之治,著书数万言,即今所传之《荀子》是也。

学说 汉儒述毛诗传授系统,自子夏至荀子,而荀子书中尝并称仲尼、子弓。子弓者,馯臂子弓也。尝受《易》于商瞿,而实为子夏之门人。荀子为子夏学派,殆无疑义。子夏治文学,发明章句。故荀子著书,多根据经训,粹然存学者之态度焉。

人道之原 荀子以前言伦理者,以宇宙论为基本,故信仰天人感应之理,而立性善说。至荀子,则划绝天人之关系,以人事为无与于天道,而特为各人之关系。于是有性恶说。

性恶说 荀子祖述儒家,欲行其道于天下,重利用厚生,重实践伦理,以研究宇宙为不急之务。自昔相承理想,皆以祯祥灾孽,彰天人交感之故。及荀子,则虽亦承认自然界之确有理法,而特谓其无关于道德,无关于人类之行为。凡治乱祸福,一切社会现象,悉起伏于人类之势力,而于天无与也。唯荀子既以人类势力为社会成立之原因,而见其间有自然冲突之势力存焉,是为欲。遂推进而以欲为天性之实体,而谓人性皆恶。是亦犹孟子以人皆有不忍之心而谓人性皆善也。

荀子以人类为同性，与孟子同也。故既持性恶之说，则谓人人具有恶性。桀纣为率性之极，而尧舜则拂性之功。故曰：人之性恶，其善者伪也（伪与为同）。于是孟、荀二子之言，相背而驰。孟子持性善说，而于恶之所由起，不能自圆其说；荀子持性恶说，则于善之所由起，亦不免为困难之点。荀子乃以心理之状态解释之，曰："夫薄则愿厚，恶则愿善，狭则愿广，贫则愿富，贱则愿贵，无于中则求于外。"然则善也者，不过恶之反射作用。而人之欲善，则犹是欲之动作而已。然其所谓善，要与意识之善有别。故其说尚不足以自立，而其依据学理之倾向，则已胜于孟子矣。

性论之矛盾 荀子虽持性恶说，而间有矛盾之说。彼既以人皆有欲为性恶之由，然又以欲为一种势力。欲之多寡，初与善恶无关。善恶之标准为理，视其欲之合理与否，而善恶由是判焉。曰："天下之所谓善者，正理平治也；所谓恶者，偏险悖乱也。"是善恶之分也。又曰："心之所可，苟中理，欲虽多，奚伤治？心之所可，苟失理，欲虽寡，奚止乱？"是其欲与善恶无关之说也。又曰："心虚一而静。心未尝不臧，然而谓之虚，心未尝不满，然而谓之静。人生而有知，有知而后有志，有志者谓之臧。"又曰："圣人知心术之患、蔽塞之祸，故无欲无恶，无始无终，无近无远，无博无浅，无古无今，兼陈万物而悬衡于中。"是说也，与后世淮南子之说相似，均与其性恶说自相矛盾者也。

修为之方法 持性善说者，谓人性之善，如水之就下，循其性而存之、养之、扩充之，则自达于圣人之域。荀子既持性恶之说，则谓人之为善，如木之必待隐括矫揉而后直，苟非以人为矫其天性，则无以达于圣域。是其修为之方法，为消极主义，与性善论者之积极主义相反者也。

礼 何以矫性？曰礼。礼者不出于天性而全出于人为。故曰："积伪而化谓之圣。圣人者，伪之极也。"又曰："性伪合，然后有圣人之名。盖天性虽复常存，而积伪之极，则性与伪化。"故圣凡之别，即视其性伪化合程度如何耳。积伪在于知礼，而知礼必由于学。故曰："学不可以已。其数，始于诵经，终于读礼。其义，始于士，终于圣人。学数有终，若其义则须臾不可舍。为之人也，舍之禽兽也。书者，政治之纪也。诗者，中声之止也。礼者，法之大分，群类之纲纪也。"故学至礼而止。

礼之本始 礼者，圣人所制。然圣人亦人耳，其性亦恶耳，何以能萌蘖至善之意识，而据之以为礼？荀子尝推本自然以解释之，曰："天地者，生之始也。礼义者，治之始也。君子者，礼义之始也。故天地生君子，君子理天地。君子者，天地之尽也，万物之总也，民之父母也。无君子则天地不理，礼义无统，上无君师，下无父子。"然则君子者，天地所特界以创造礼义之人格，宁非与其天人无关之说相违与？荀子又尝推本人情以解说之，曰："三年之丧，称情而立文，所以为至痛之极也。"如其言，则不能不预想人类之本有善性，是又不合于人性皆恶之说矣。

礼之用 荀子之所谓礼，包法家之所谓法而言之，故由一身而推之于政治。故曰："隆礼贵义者，其国治；简礼贱义者，其国乱。"又曰："礼者，治辨之极也，强国之本也，威行之道也，功名之总也。王公由之，所以得天下；不由之，所以陨社稷。故坚甲利兵，不足以为胜；高城深池，不足以为固；严令繁刑，不足以为威。由其道则行，不由其道则废。"礼之用可谓大矣。

礼乐相济 有礼则不可无乐。礼者，以人定之法，节制其身心，消极者也。乐者，以自然之美，化感其性灵，积极者也。礼之德方而智，乐之德圆而神。无礼之乐，或流于纵恣而无纪；无乐之礼，又涉于枯寂而无趣。是以荀子曰："夫音乐，入人也深，而化人也速，故先王谨为之文，乐中平则民和而不流，乐肃庄则民齐而不乱，民和齐则兵劲而城固。"

刑罚　礼以齐之，乐以化之，而尚有顽冥不灵之民，不帅教化，则不得不继之以刑罚。刑罚者，非徒惩已著之恶，亦所以慑众人之胆而遏恶于未然者也。故不可不强其力，而轻刑不如重刑。故曰："凡刑人者，所以禁暴恶恶，且惩其末也。故刑重则世治，而刑轻则世乱。"

理想之君道　荀子知世界之进化，后胜于前，故其理想之太平世，不在太古而在后世。曰："天地之始，今日是也。百王之道，后王是也。"故礼乐刑政，不可不与时变革，而为社会立法之圣人，不可不先后辈出。圣人者，知君人之大道者也。故曰："道者何耶？曰君道。君道者何耶？曰能群。能群者何耶？曰善生养人者也，善班治人者也，善显役人者也，善藩饰人者也。"

结论　荀子学说，虽不免有矛盾之迹，然其思想多得之于经验，故其说较为切实。重形式之教育，揭法律之效力，超越三代以来之德政主义，而近接于法治主义之范围。故荀子之门，有韩非、李斯诸人，持激烈之法治论，此正其学说之倾向，而非如苏轼所谓由于人格之感化者也。荀子之性恶论，虽为常识所震骇，然其思想之自由，论断之勇敢，不愧为学者云。

（二）道　家

第七章　老子

小传　老子姓李氏，名耳，字曰聃，苦县人也。不详其生年，盖长于孔子。苦县本陈地，及春秋时而为楚领，老子盖亡国之遗民也。故不仕于楚，而为周柱下史。晚年，厌世，将隐遁，西行，至函关，关令尹喜要之，老子遂著书五千余言，论道德之要，后人称为《道德经》云。

学说之渊源　《老子》二卷，上卷多说道，下卷多说德，前者为世界观，后者为人生观。其学说所自出，或曰本于黄帝，或曰本于史官。综观老子学说，诚深有鉴于历史成败之因果，而绅绎以得之者。而其间又有人种地理之影响。盖我国南北二方，风气迥异。当春秋时，楚尚为齐、晋诸国之公敌，而被摈于蛮夷之列。其冲突之迹，不唯在政治家，即学者维持社会之观念，亦复相背而驰。老子之思想，足以代表北方文化之反动力矣。

学说之趋向　老子以降，南方之思想，多好为形而上学之探究。盖其时北方儒者，以经验世界为其世界观之基础，繁其礼法，缛其仪文，而忽于养心之本旨。故南方学者反对之。北方学者之于宇宙，仅究现象变化之规则；而南方学者，则进而阐明宇宙之实在。故如伦理学者，几非南方学者所注意，而且以道德为消极者也。

道 北方学者之所谓道，宇宙之法则也。老子则以宇宙之本体为道，即宇宙全体抽象之记号也。故曰："致虚则极，守静则笃，万物并作，吾以观其复。夫物芸芸然，各归其根曰静，静曰复命，复命曰常，知常曰明。"言道本虚静，故万物之本体亦虚静，要当纯任自然，而复归于静虚之境。此则老子厌世主义之根本也。

德 老子所谓道，既非儒者之所道，因而其所谓德，亦非儒者之所德。彼以为太古之人，不识不知，无为无欲，如婴儿然，是为能体道者。其后智慧渐长，惑于物欲，而大道渐以澌灭。其时圣人又不揣其本而齐其末，说仁义，作礼乐，欲恃繁文缛节以拘梏之。于是人人益趋于私利，而社会之秩序，益以紊乱。及今而救正之，唯循自然之势，复归于虚静，复归于婴儿而已。故曰："小国寡民，有什伯之器而不用，使民重死而不远徙。虽有舟舆，无所乘之；虽有兵甲，无所陈之。使人复结绳而用之，甘其食，美其服，安其居，乐其俗，邻国相望，鸡犬之声相闻，民至老死不相往来。"老子所理想之社会如此。其后庄子之《胠箧篇》，又述之。至陶渊明，又益以具体之观念，而为《桃花源记》。足以见南方思想家之理想，常为遁世者所服膺焉。

老子所见，道德本不足重，且正因道德之崇尚，而足征世界之浇漓，苟循其本，未有不爽然自失者。何则？道德者，由相对之不道德而发生。仁义忠孝，发生于不仁不义不忠不孝。如人有疾病，始需医药焉。故曰："大道废，有仁义。智慧出，有大伪。六亲不和，有孝慈。国家昏乱，有忠臣。"又曰："上德不德，是以有德；下德不失德，是以无德。上德无为而无以为，下德为之而有以为，上仁为之而无以为，上义为之而有以为，上礼为之而无应之，则攘臂而争之。故失道而后德，失德而后仁，失仁而后义，失义而后礼。夫礼者，忠信之薄，乱之首也。前识者，道之华，愚之始也。是以大丈夫处厚而不居薄，处实而不居华，故去彼取此。"

道德论之缺点 老子以消极之价值论道德，其说诚然。盖世界之进化，人事日益复杂，而害恶之条目日益繁殖，于是禁止之预备之作用，亦随之而繁殖。此即道德界特别名义发生之所由，征之历史而无惑者也。然大道何由而废？六亲何由而不和？国家何由而昏乱？老子未尝言之，则其说犹未备焉。

因果之倒置 世有不道德而后以道德救之，犹人有疾病而以医药疗之，其理诚然。然因是而遂谓道德为不道德之原因，则犹以医药为疾病之原因，倒因而为果矣。老子之论道德也，盖如此。曰："古之善为道者，非以明民，将以愚之。民之难治，以其智多。以智治国，国之贼，不以智治国，国之福。"又曰："绝圣弃智，民利百倍；绝仁弃义，民复孝慈；绝巧弃利，盗贼无有。""天下多忌讳而民弥贫；民利益多，国家滋昏；人多伎巧，奇物滋起；法令滋彰，盗贼多有。"盖世之所谓道德法令，诚有纠扰苛苦，转足为不道德之媒介者，如庸医之不能疗病而转以益之。老子有激于此，遂谓废弃道德，即可臻于至治，则不得不谓之谬误矣。

齐善恶 老子又进而以无差别界之见，应用于差别界，则为善恶无别之说。曰："道者，万物之奥，善人之宝，不善人之保。"是合善恶而悉谓之道也。又曰："天下皆知美之为美，斯恶矣；皆知善之为善，斯不善矣。"言丑恶之名，缘美善而出。苟无美善，则亦无所谓丑恶也。是皆绝对界之见，以形而上学之理绳之，固不能谓之谬误。然使应用其说于伦理界，则直无伦理之可言。盖人类既处于相对之世界，固不能以绝对界之理相绳也。老子又为辜较之言曰："唯之与阿，相去几何？善之与恶，相去奚若？"则言善恶虽有差别，而其别甚微，无足措意。然既有差别，则虽至极微之界，岂得比而同之乎？

无为之政治 老子既以道德为长物，则其视政治也亦然。其视政治为统治者之责任，与儒家同。唯儒家之所谓政治家，在道民齐民，使之进步；而老子之说，则反之，唯循民心之所向而无忤之而已。故曰："圣人无常心，以百姓之心为心。善者吾善之，不善者吾亦善之，德善也。信者吾信之，不信者吾亦信之，德信也。圣人之在天下，歙歙然不为天下浑其心，百姓皆注耳目也，圣人皆孩之。"

法术之起源 老子既主无为之治，是以斥礼乐，排刑政，恶甲兵，甚且绝学而弃智。虽然，彼亦应时势而立政策。虽于其所说之真理，稍若矛盾，而要仍本于其齐同善恶之概念。故曰："将欲噏之，必固张之。将欲弱之，必固强之。将欲废之，必固兴之。将欲夺之，必固与之。"又曰："以正治国，以奇用兵。"又曰："用兵有言，吾不为主而为客。"又曰："天之道，其犹张弓乎，高者抑之，下者举之，有余者损之，不足者补之。天道损有余而补不足，人之道不然，损不足以奉有余，孰能以有余奉天下？惟有道者而已。是以圣人为而不恃，功成而不处，不欲见其贤。"由是观之，老子固精于处世之法者。彼自立于齐同美恶之地位，而以至巧之策处理世界。彼虽斥智慧为废物，而于相对界，不得不巧施其智慧。此其所以为权谋术数所自出，而后世法术家皆奉为先河也。

结论 老子之学说，多偏激，故能刺冲思想界，而开后世思想家之先导。然其说与进化之理相背驰，故不能久行于普通健全之社会，其盛行之者，唯在不健全之时代，如魏、晋以降六朝之间是已。

第八章　庄子

老子之徒,自昔庄、列并称。然今所传列子之书,为魏、晋间人所伪作,先贤已有定论。仅足借以见魏、晋人之思潮而已,故不序于此,而专论庄子。

小传　庄子,名周,宋蒙县人也。尝为漆园吏。楚威王聘之,却而不往。盖愤世而隐者也。(按:庄子盖稍先于孟子,故书中虽诋儒家而不及孟。而孟子之所谓杨朱,实即庄周。古音庄与杨、周与朱俱相近,如荀卿之亦作孙卿也。孟子曰:"杨氏为我,拔一毫而利天下不为也。"又曰:"杨朱、墨翟之言盈天下,杨氏为我,是无君也。"《吕氏春秋》曰:"阳子贵己。"《淮南子·氾论训》曰:"全性保真,不以物累形,杨子之所立也。而孟子非之。"贵己保真,即为我之正旨。庄周书中,随在可指。如许由曰:"余无所用天下为。"连叔曰:"之人也,之德也,将磅礴万物以为一世也。蕲乎乱,孰弊弊焉以天下为事?是其尘垢秕糠,犹将陶铸尧、舜者也,孰肯以物为事?"其他类是者,不可以更仆数,正孟子所谓拔一毛而利天下不为者也。子路之诋长沮、桀溺也,曰:"废君臣之义。"曰:"欲洁其身而乱大伦。"正与孟子所谓杨氏无君相同。至《列子·杨朱》篇,则因误会孟子之言而附会之者。如其所言,则纯然下等之自利主义,不特无以风动天下,而且与儒家言之道德,截然相反。孟子所以斥之者,

岂仅曰无君而已。余别有详考。附著其略于此云）

学派 韩愈曰："子夏之学，其后有田子方；子方之后，流而为庄子。"其说不知所本。要之，老子既出，其说盛行于南方。庄子生楚、魏之间，受其影响，而以其闳眇之思想廓大之。不特老子权谋术数之见，一无所染，而其形而上界之见地，亦大有进步，已浸浸接近于佛说。庄子者，超绝政治界，而纯然研求哲理之大思想家也。汉初盛言黄老。魏、晋以降，盛言老庄。此亦可以观庄子与老佛异同之朕兆矣。

庄子之书，存者凡三十三篇：内篇七，外篇十五，杂篇十一。内篇义旨闳深，先后互相贯注，为其学说之中坚。外篇、杂篇，则所以反复推明之者也。杂篇之《天下》篇，历叙各家道术而批判之，且自陈其宗旨之所在，与老子有同异焉。是即庄子之自叙也。

世界观及人生观 庄子以世界为由相对之现象而成立，其本体则未始有对也，无为也，无始无终而永存者也，是为道。故曰："彼是无得其偶谓之道。"曰："道未始有对。"由是而其人生观，亦以反本复始为主义。盖超越相对界而认识绝对无终之本体，以宅其心意之谓也。而所以达此主义者，则在虚静恬淡，屏绝一切矫揉造作之为，而悉委之于自然。忘善恶，脱苦厄，而以无为处世。故曰："大块载我以形，劳我以生，佚我以老，息我以死。故善吾生者，乃所以善吾死者也。"夫生死且不以婴心，更何有于善恶耶！

理想之人格 能达此反本复始之主义者，庄子谓之真人，亦曰神人、圣人。而称其才为全才。尝于其《大宗师》篇详说之。曰："古之真人，不逆寡，不雄成，不谟士。若然者，过而弗悔，当而不自得也。登高不栗,入水不濡,入火不热,其觉无忧,其息深深。"又曰:"不知说生,不知恶死。其出不欣,其入不距。倏然往来,不忘其所始,不求其所终。受而喜之,忘而复之,是之谓不以心捐道,不以人助天,是之谓真人。"其他散见各篇者多类此。

修为之法 凡人欲超越相对界而达于极对界,不可不有修为之法。庄子言其卑近者,则曰:"彻志之勃,解心之谬,去德之累,进道之塞。贵、富、显、严、名、利,六者,勃志也。容、动、色、理、气、意,六者,谬心也。恶、欲、喜、怒、哀、乐,六者,累德也。去、就、取、与、知、能,六者,塞道也。此四六者不荡胸中,则正。正则静,静则明,明则虚,虚则无为而无不为也。"是其消极之修为法也。又曰:"夫道,覆载万物者也。洋洋乎大哉,君子不可以不刳心焉。无为为之之谓天,无为言之之谓德,爱人利物之谓仁,不同同之之谓大,行不崖异之谓宽,有万不同之谓富,故执德之谓纪,德成之谓立,循于道之谓备,不以物挫志之谓完。君子明于此十者,则韬乎其事心之大也,沛乎其为万物逝也。"是其积极之修为法也。合而言之,则先去物欲,进而任自然之谓也。

内省 去"四六害",明"十事",皆对于外界之修为也。庄子更进而揭其内省之极工,是谓心斋。于《人间世》篇言之曰:颜回问心斋,仲尼曰:"一若志无听之以耳而听之以心,无听之以心而听之以气。听止于耳,心止于符。气也者,虚而待物者也。惟道集虚。虚者,心斋也。心斋者,绝妄想而见性真也。"彼尝形容其状态曰:"南郭子綦隐几而坐,仰天而嘘,嗒然似丧其耦。颜成子游曰:'何居乎?形固可使如槁木,而心固可使如死灰乎？'""孔子见老子，老子新沐，方被发而干之，慹然似非人者。孔子进见曰：'向者，先生之形体，掘若槁木，似遗世离人而立于独。'老子曰：'吾方游于物之始'。"游于物之始，即心斋之作用也。其言修为之方，则曰："吾守之三日而后能外天下，又守之七日而后能外物，又守之九日而后能外生，外生而后能朝彻，朝彻而后能见独，见独而后能无古今，无古今而后入不死不生。"又曰："一年而野，二年而从，三年而通，四年而物，五年而来，六年而鬼入，七年而天成，八年而不知生不知死，九年而大妙。"盖相对世界，自物质及空间、时间两形式以外，本无所有。庄子所谓外物及无古今，即超绝物质及空间、时间，纯然绝对世界之观念。或言自三日以至九日，或言自一年以至九年，皆不过假设渐进之程度。唯前者述其工夫，后者述其效验而已。庄子所谓心斋，与佛家之禅相似。盖至是而南方思想，已与印度思想契合矣。

北方思想之驳论 庄子之思想如此，则其与北方思想、专以人为之礼教为调摄心性之作用者，固如冰炭之不相入矣。故于儒家所崇拜之帝王，多非难之。曰："三皇五帝之治天下也，名曰治之，乱莫甚焉，使人不得安其性命之情，而犹谓之圣人，不可耻乎！"又曰："昔者皇帝始以仁义撄人之心，尧舜于是乎股无胈，胫无毛，以养天下之形。愁其五藏，以为仁义，矜其血气，以规法度，然犹有不胜也。尧于是放讙兜（讙兜，古代人名，尧时代的佞臣——编者注），投三苗，流共工，此不胜天下也。夫施及三王而天下大骇矣。下有桀跖，上有曾史，而儒墨毕起。于是乎喜怒相疑，愚知相欺，善否相非，诞信相讥，而天下衰矣。大德不同而性命烂漫矣。天下好知而百姓求竭矣。于是乎新锯制焉，绳墨杀焉，椎凿决焉，天下脊脊大乱，罪在撄人心。"其他全书中类此者至多。其意不外乎圣人尚智慧，设差别，以为争乱之媒而已。

排仁义 儒家所揭以为道德之标帜者，曰仁义。故庄子排之最力，曰："骈拇枝指，出乎性哉？而侈于德。附赘悬疣，出乎形哉？而侈于性。多方乎仁义而用之者，列乎五藏哉？而非道德之正也。性长非所断，性短非所续，无所去忧也。意仁义其非人情乎？彼仁人何其多忧也。且夫待钩墨规矩而正者，是削其性也。待绳约胶漆而固者，是侵其德也，屈折礼乐，呴俞仁义，以慰天下之心者，此失其常然也。常然者，天下诱然皆生而不知其所以生，同焉皆得而不知其所得。故古今不二，不可亏也。则仁义又奚连连如胶漆缠索而游乎道德之间为哉！"盖儒家之仁义，本所以止乱。而自庄子观之，则因仁义而更以致乱，以其不顺乎人性也。

道德之推移 庄子之意，世所谓道德者，非有定实，常因时地而迁移。故曰："水行无若用舟，陆行无若用车。以舟之可行于水也，而推之于陆，则没世而不行寻常。古今非水陆耶？周鲁非舟车耶？今蕲行周于鲁，犹推舟于陆，劳而无功，必及于殃。夫礼义法度，应时而变者也。今取猨狙而衣以周公之服，彼必龁啮挽裂，尽去之而后慊。古今之异，犹猨狙之于周公也。"庄子此论，虽若失之过激，然儒家末流，以道德为一定不易，不研究时地之异同，而强欲纳人性于一冶之中者，不可不以庄子此言为药石也。

道德之价值 庄子见道德之随时地而迁移者，则以为其事本无一定之标准，徒由社会先觉者，借其临民之势力，而以意创定。凡民率而行之，沿袭既久，乃成习惯。苟循其本，则足知道德之本无价值，而率循之者，皆媚世之流也。故曰："孝子不谀其亲，忠臣不谀其君。君亲之所言而然，所行而善，世俗所谓不肖之臣子也。世俗之所谓然而然之，世俗之所谓善而善之，不谓之道谀之人耶！"

道德之利害 道德既为凡民之事，则于凡民之上，必不能保其同一之威严。故不唯大圣，即大盗亦得而利用之。故曰："将为胠箧探囊发匮之盗而为守备，则必摄缄縢，固扃鐍，此世俗之所谓知也。然而大盗至，则负匮揭箧探囊而趋，惟恐缄縢扃鐍之不固也。然则乡之所谓知者，不乃为大盗积者也。故尝试论之，世俗所谓知者，有不为大盗积者乎？所谓圣者，有不为大盗守者乎？何以知其然耶？昔者齐国所以立宗庙社稷，治邑屋州闾乡曲者，曷尝不法圣人哉？然而田成子一旦杀齐君而盗其国，所盗者岂独其国耶？并与其圣知之法而盗之。小国不敢非，大国不敢诛，十二世有齐国，则是不乃窃齐国并与其圣知之法，以守其盗贼之身乎？跖之徒问于跖曰：'盗亦有道乎？'跖曰：'何适而无有道耶！夫妄意室中之藏，圣也；入先，勇也；出后，义也；知可否，知也；分均，仁也。五者不备而能成大盗者，未之有也。'由是观之，善人不得圣人之道不立，跖不得圣人之道不行。天下之善人少而不善人多，则圣人之利天下也少，而害天下也多。圣人已死，则大盗不起。"庄子此论，盖鉴于周季拘牵名义之弊。所谓道德仁义者，徒为大盗之所利用。故欲去大盗，则必并其所利用者而去之，始为正本清源之道也。

结论 自尧舜时，始言礼教，历夏及商，至周而大备。其要旨在辨上下，自家庭以至朝庙，皆能少不凌长，贱不凌贵，则相安而无事矣。及其弊也，形式虽存，精神澌灭。强有力者，如田常、盗跖之属，决非礼教所能制。而彼乃转恃礼教以为钳制弱小之具。儒家欲救其弊，务修明礼教，使贵贱同纳于轨范。而道家反对之。以为当时礼法，自束缚人民自由以外，无他效力，不可不决而去之。在老子已有圣人不仁、刍狗万物之说，庄子更大廓其义。举唐、虞以来之政治，诋斥备至，津津于许由北人无择薄天下而不为之流。盖其消极之观察，在悉去政治风俗间种种赏罚毁誉之属，使人人不失其自由，则人各事其所事，各得其所得，而无事乎损人以利己，抑亦无事乎损己以利人，而相忘于善恶之差别矣。其积极之观察，则在世界之无常，人生之如梦，人能向实体世界之观念而进行，则不为此世界生死祸福之所动，而一切忮求恐怖之念皆去，更无所恃于礼教矣。其说在社会方面，近于今日最新之社会主义。在学理方面，近于最新之神道学。其理论多逸出伦理学界，而属于纯粹哲学。兹刺取其有关伦理者，而撮记其概略如右云。

(三) 农　家

第九章　许行

周季农家之言，传者甚鲜。其有关于伦理学说者，唯许行之道。唯既为新进之徒陈相所传述，而又见于反对派孟子之书，其不尽真相，所不待言，然即此见于孟子之数语而寻绎之，亦有可以窥其学说之梗略者，故推论焉。

小传　许行，盖楚人。当滕文公时，率其徒数十人至焉。皆衣褐，绌屦织席以为食。

义务权利之平等　商鞅称神农之世，公耕而食，妇织而衣，刑政不用而治。《吕氏春秋》称神农之教曰："士有当年而不耕者，天下或受其饥；女有当年而不织者，天下或受其寒。"盖当农业初兴之时，其事实如此。许行本其事实而演绎以为学说，则为人人各尽其所能，毋或过俭；各取其所需，毋或过丰。故曰："贤者与民并耕而食，饔飧而治。今也滕有仓廪府库，则是厉民而以自养也。"彼与其徒以绌屦织席为业，未尝不明于通功易事之义。至孟子所谓劳心，所谓忧天下，则自许行观之，宁不如无为而治之为愈也。

齐物价　陈相曰："从许子之道，则市价不二。布帛长短同，麻缕丝絮轻重同，五谷多寡同，屦大小同，则贾皆相若。"盖其意以劳力为物价之根本，而资料则为公有，又专求实用而无取乎纷华靡丽之观，以辨上下而别等夷，故物价以数量相准，而不必问其精粗也。近世社会主义家，慨于工商业之盛兴，野人之麇集城市，为贫富悬绝之原因，则有反对物质文明，而持尚农返朴之说者，亦许行之流也。

结论 许行对于政治界之观念，与庄子同。其称神农，则亦犹道家之称黄帝，不屑齿及于尧舜以后之名教也。其为南方思想之一支甚明。孟子之攻陈相也，曰："陈良，楚产也。悦周公、仲尼之道，北学于中国，北方之学者，未能或之先也。"又曰："今也南蛮鴃舌之人，非先王之道，子倍子之师而学之。"是即南北思想不相容之现象也。然其时，南方思潮业已侵入北方，如齐之陈仲子，其主义甚类许行。仲子，齐之世家也。兄戴，盖禄万钟。仲子以兄之禄为不义之禄而不食之，以兄之室为不义之室而不居之，避兄离母，居于於陵，身织屦，妻辟纑，以易粟。孟子曰："仲子不义，与之齐国而弗受。"又曰："亡亲戚君臣上下。"其为粹然南方之思想无疑矣。

（四）墨　家

第十章　墨子

　　孔、老二氏，既代表南北思想，而其时又有北方思想之别派崛起，而与儒家言相抗者，是为墨子。韩非子曰："今之显学，儒墨也。"可以观墨学之势力矣。

　　小传　墨子，名翟，《史记》称为宋大夫。善守御，节用。其年次不详，盖稍后于孔子。庄子称其以绳墨自矫而备世之急。孟子称其摩顶放踵利天下为之。盖持兼爱之说而实行之者也。

　　学说之渊源　宋者，殷之后也。孔子之评殷人曰："殷人尊神，率民而事神，先鬼而后礼，先罚而后赏。"墨子之明鬼尊天，皆殷人因袭之思想。《汉书·艺文志》谓墨学出于清庙之守，亦其义也。孔子虽殷后，而生长于鲁，专明周礼。墨子仕宋，则依据殷道。是为儒、墨差别之大原因。至墨子节用、节葬诸义，则又兼采夏道。其书尝称道禹之功业，而谓公孟子曰："子法周而未法夏，子之古非古也。"亦其证也。

　　弟子　墨子之弟子甚多，其著者，有禽滑厘、随巢、胡非之属。与孟子论争者曰夷之，亦其一也。宋钘非攻，盖亦墨子之支别与？

　　有神论　墨子学说，以有神论为基础。《明鬼》一篇，所以述鬼神之种类及性质者至备。其言鬼之不可不明也，曰："三代圣王既没，天下失义，诸侯力正。夫君臣之不惠忠也，父子弟兄之不慈孝弟长贞良也，正长之不强于听治，贱人之不强于从事也。民之为淫暴寇乱盗贼，以兵刃毒药水火退无罪人乎道路，夺径夺人车马衣裘以自利者，并作。由此始，是以天下乱。此其故何以然也？则皆以疑惑鬼神之有与无之别，不明乎鬼神之能赏贤而罚暴也。今若使天下之人，偕若信鬼神之能赏贤而罚暴也，则夫天下岂乱哉？今执无鬼者曰：'鬼神者固无有。'旦暮以为教诲乎天下之人，疑天下之众，使皆疑惑乎鬼神有无之别，是以天下乱。"然则墨子以罪恶之所由生为无神论，而因以明有神论之必要。是其说不本于宗教之信仰及哲学之思索，而仅为政治若社会应用而设。其说似太浅近，以其《法仪》诸篇推之，墨子盖有见于万物皆神，而天即为其统一者，因自昔崇拜自然之宗教而说之以学理者也。

法天 儒家之尊天也，直以天道为社会之法则，而于天之所以当尊，天道之所以可法，未遑详也。及墨子而始阐明其故，于《法仪》篇详之曰："天下从事者不可以无法仪，无法仪而其事能成者，无有也。虽至士之为将相者皆有法，虽至百工从事者亦皆有法。百工为方以矩，为圆以规，直以绳，正以县，无巧工不巧工，皆以此五者为法。巧者能中之；不巧者虽不能中，放依以从事，犹逾己。故百工从事皆有法所度。今大者治天下，其次治大国，而无法所度，此不若百工辩也。"然则吾人之所可以为法者何在？墨子曰："当皆法其父母奚若？天下之为父母者众，而仁者寡，若皆法其父母，此法不仁也。当皆法其学奚若？天下之为学者众，而仁者寡，若皆法其学，此法不仁也。当皆法其君奚若？天下之为君者众，而仁者寡。若皆法其君，此法不仁也。法不仁不可以为法。"夫父母者，彝伦之基本；学者，知识之源泉；君者，于现实界有绝对之威力。然而均不免于不仁，而不可以为法。盖既在此相对世界中，势不能有保其绝对之尊严者也。而吾人所法，要非有全知全能永保其绝对之尊严，而不与时地为推移者，不足以当之，然则非天而谁？故曰："莫若法天。天之行广而无私，其施厚而不德，其明久而不衰，故圣王法之。既以天为法，动作有为，必度于天。天之所欲则为之，天所不欲则止。"由是观之，墨子之于天，直以神灵视之，而不仅如儒家之视为理法矣。

天之爱人利人 人以天为法，则天意之好恶，即以决吾人之行止。夫天意果何在乎？墨子则承前文而言之曰："天何欲何恶？天必欲人之相爱相利，而不欲人之相恶相贼也。奚以知之？以其兼而爱之、兼而利之也。奚以知其兼爱之而兼利之？以其兼而有之、兼而食之也。今天下无大小国，皆天之邑也。人无幼长贵贱，皆天之臣也。此以莫不刍牛羊豢犬猪，絜为酒醴粢盛以敬事天，此不为兼而有之、兼而食之邪？天苟兼而有之食之，夫奚说以不欲人之相爱相利也。故曰：爱人利人者，天必福之；恶人贼人者，天必祸之。曰：杀不辜者，得不祥焉。夫奚说人为其相杀而天与祸乎？是以知天欲人相爱相利，而不欲人相恶相贼也。"

道德之法则 天之意在爱与利，则道德之法则，亦不得不然。墨子者，以爱与利为结合而不可离者也。故爱之本原，在近世伦理学家，谓其起于自爱，即起于自保其生之观念。而墨子之所见则不然。

兼爱 自爱之爱，与憎相对。充其量，不免至于屈人以伸己。于是互相冲突，而社会之纷乱由是起焉。故以济世为的者，不可不扩充为绝对之爱。绝对之爱，兼爱也，天意也。故曰："盗爱其室，不爱异室，故窃异室以利其室。贼爱其身，不爱人，故贼人以利其身。此何也？皆由不相爱。虽至大夫之相乱家，诸侯之相攻国者，亦然。大夫各爱其家，不爱异家，故乱异家以利其家。诸侯各爱其国，不爱异国，故攻异国以利其国。天下之乱物，具此而已矣。察此何自起，皆起不相爱。若使天下兼相爱，则国与国不相攻，家与家不相乱，盗贼无有，君臣父子皆能孝慈。若此则天下治。"

兼爱与别爱之利害　墨子既揭兼爱之原理，则又举兼爱、别爱之利害以证成之。曰："交别者，生天下之大害；交兼者，生天下之大利。是故别非也，兼是也。"又曰："有二士于此，其一执别，其一执兼。别士之言曰：'吾岂能为吾友之身若为吾身，为吾友之亲若为吾亲。'是故退睹其友，饥则不食，寒则不衣，疾病不侍养，死丧不葬埋。别士之言若此，行若此。兼士之言不然，行亦不然。曰：'吾闻为高士于天下者，必为其友之身若为其身，为其友之亲若为其亲。'是故退睹其友，饥则食之，寒则衣之，疾病侍养之，死丧葬埋之。兼士之言若此，行若此。"墨子又推之而为别君、兼君之事，其义略同。

行兼爱之道　兼爱之道，何由而能实行乎？墨子之所揭与儒家所言之忠恕同。曰："视人之国如其国，视人之家如其家，视人之身如其身。"

利与爱　爱者，道德之精神也，行为之动机也，而吾人之行为，不可不预期其效果。墨子则以利为道德之本质，于是其兼爱主义，同时为功利主义。其言曰："天者，兼爱之而兼利之。天之利人也，大于人之自利者。"又曰："天之爱人也，视圣人之爱人也薄；而其利人也，视圣人之利人也厚。大人之爱人也，视小人之爱人也薄；而其利人也，视小人之利人也厚。"其意以为道德者，必以利达其爱，若厚爱而薄利，则与薄于爱无异焉。此墨子之功利论也。

兼爱之调摄 兼爱者，社会固结之本质。然社会间人与人之关系，尝于不知不觉间，生亲疏之别。故孟子至以墨子之爱无差别为无父，以为兼爱之义，与亲疏之等不相容也。然如墨子之义，则两者并无所谓矛盾。其言曰："孝子之为亲度者，亦欲人之爱利其亲与？意欲人之恶贼其亲与？既欲人之爱利其亲也，则吾恶先从事，即得此，即必我先从事乎爱利人之亲，然后人报我以爱利吾亲也。诗曰：'无言而不仇，无德而不报，投我以桃，报之以李。'即此言爱人者必见爱，而恶人者必见恶也。"然则爱人之亲，正所以爱己之亲，岂得谓之无父耶？且墨子之对公输子也，曰："我钩之以爱，揣之以恭，弗钩以爱则不亲，弗揣以恭而速狎，狎而不亲，则速离。故交相爱，交相恭，犹若相利也。"然则墨子之兼爱，固自有其调摄之道矣。

勤俭 墨子欲达其兼爱之主义，则不可不务去争夺之原。争夺之原，恒在匮乏。匮乏之原，在于奢惰。故为《节用》篇以纠奢，而为非命说以明人事之当尽。又以厚葬久丧，与勤俭相违，特设《节葬》篇以纠之。而墨子及其弟子，则洵能实行其主义者也。

非攻 言兼爱则必非攻。然墨子非攻而不非守，故有《备城门》《备高临》诸篇，非如孟子所谓修其孝弟忠信，则可制梃而挞甲兵者也。

结论 墨子兼爱而法天，颇近于西方之基督教。其明鬼而节葬，亦含有尊灵魂、贱体魄之意。墨家巨子，有杀身以殉学者，亦颇类基督。然墨子，科学家也，实利家也。其所言名数质力诸理，多合于近世科学。其论证，则多用归纳法。按切人事，依据历史，其《尚同》《尚贤》诸篇，则在得明天子及诸贤士大夫以统一各国之政俗，而泯其争。此皆其异于宗教家者也。墨子偏尚质实，而不知美术有陶养性情之作用，故非乐，是其蔽也。其兼爱主义，则无可非者。孟子斥为无父，则门户之见而已。

（五）法　家

周之季世，北有孔孟，南有老庄，截然两方思潮循时势而发展。而墨家毗于北，农家毗于南，如骖之靳焉。然此两方思潮，虽簧鼓一世，而当时君相，方力征经营，以富强其国为鹄的，则于此两派，皆以为迂阔不切事情，而摈斥之。是时有折中南北学派，而洋洋然流演其中部之思潮，以应世用者，法家也。法家之言，以道为体，以儒为用。韩非子实集其大成。而其源则滥觞于孔老学说未立以前之政治家，是为管子。

第十一章　管子

小传　管子，名夷吾，字仲，齐之颍上人。相齐桓公，通货积财，与俗同好恶，齐以富强，遂霸诸侯焉。

著书　管子所著书，汉世尚存八十六篇，今又亡其十篇。其书多杂以后学之所述，不尽出于管氏也。多言政治及理财，其关于伦理学原则者如下。

学说之起源　管子学说，所以不同于儒家者，历史地理，皆与有其影响。周之兴也，武王有乱臣十人，而以周公旦、太公望为首选。周公守圣贤之态度，好古尚文，以道德为政治之本。太公挟豪杰作用，长法兵，用权谋。故周公封鲁，太公封齐，而齐、鲁两国之政俗，大有径庭。《史记》曰："太公之就国也，道宿行迟，逆旅人曰：'吾闻之时难得而易失，客寝甚安，殆非就国者也。'太公闻之，夜衣而行，黎明至国。莱侯来伐，争营邱。太公至国，修政，因其俗，简其礼，通工商之业，便鱼盐之利，人民多归之，五月而报政。周公曰：'何疾也？'曰：'吾简君臣之礼，而从其俗之为也。'鲁公伯禽，受封之鲁，三年而后报政。周公曰：'何迟也？'伯禽曰：'变其俗，革其礼，丧三年而除之，故迟。'周公叹曰：'呜呼！鲁其北面事齐矣。'"鲁以亲亲上恩为施政之主义，齐以尊贤尚功为立法之精神，历史传演，学者不能不受其影响。是以鲁国学者持道德说，而齐国学者持功利说。而齐为东方鱼盐之国，是时吴、楚二国，尚被摈为蛮夷。中国富源，齐而已。管子学说之行于齐，岂偶然耶！

理想之国家　有维持社会之观念者，必设一理想之国家以为鹄。如孔子以尧舜为至治之主，老庄则神游于黄帝以前之神话时代是也。而管子之所谓至治，则曰："人人相和睦，少相居，长相游，祭祀相福，死哀相恤，居处相乐，入则务本疾作以满仓廪，出则尽节死敌以安社稷，坟然如一父之儿，一家之实。"盖纯然以固结其人民使不愧为国家之分子者也。

道德与生计之关系　欲固结其人民奈何？曰：养其道德。然管子之意，以为人民之所以不道德，非徒失教之故，而物质之匮乏，实为其大原因。欲教之，必先富之。故曰："仓廪实而知礼节，衣食足而知荣辱。"又曰："治国之道，必先富民。民富易治，民贫难治。何以知其然也？民富则安乡重家，而敬上畏罪，故易治。民贫则反之，故难治。故治国常富，而乱国常贫。"

上下之义务 管子以人民实行道德之难易，视其生计之丰歉。故言为政者务富其民，而为民者务勤其职。曰："农有常业，女有常事，一夫不耕，或受之饥；一妇不织，或受之寒。"此其所揭之第一义务也。由是而进以道德。其所谓重要之道德，曰礼义廉耻，谓为国之四维。管子盖注意于人心就恶之趋势，故所揭者，皆消极之道德也。

结论 管子之书，于道德起源及其实行之方法，均未遑及。然其所抉道德与生计之关系，则于伦理学界有重大之价值者也。

管子以后之中部思潮 管子之说，以生计为先河，以法治为保障，而后有以杜人民不道德之习惯，而不致贻害于国家，纯然功利主义也。其后又分为数派，亦颇受影响于地理云。

（一）为儒家之政治论所援引，而与北方思想结合者，如孟子虽鄙夷管子，而袭其道德生计相关之说。荀子之法治主义，亦宗之。其最著者为尸佼，其言曰："义必利，虽桀纣犹知义之必利也。"尸子鲁人，尝为商鞅师。

（二）纯然中部思潮，循管子之主义，随时势而发展，李悝之于魏，商鞅之于秦，是也。李悝尽地力，商鞅励农战，皆以富强为的，破周代好古右文之习惯者也，而商君以法律为全能，法家之名，由是立。且其思想历三晋而衍于西方。

（三）与南方思想接触，而化合于道家之说者，申不害之徒也。其主义君无为而臣务功利，是为术家。申子郑之遗臣，而仕于韩。郑与楚邻也。

当是时也，既以中部之思想为调人，而一合于北、一合于南矣。及战国之末，韩非子遂合三部之思潮而统一之。而周季思想家之运动,遂以是为归宿也。

尸子、申子,其书既佚,唯商君、韩非子之书具存。虽多言政治,而颇有伦理学说可以推阐,故具论之。

第十二章　商君

小传　商君氏公孙，名鞅，受封于商，故号曰商君。君本卫庶公子，少好刑名之学。闻秦孝公求贤，西行，以强国之术说之，大得信任。定变法之令，重农战，抑亲贵，秦以富强。孝公卒，有谮君者，君被磔以死。秦袭君政策，卒并六国。君所著书凡二十五篇。

革新主义　管子，持通变主义者也。其于周制虽不屑屑因袭，而未尝大有所摧廓。其时周室虽衰，民志犹未漓也。及战国时代，时局大变，新说迭出。商君承管子之学说，遂一进而为革新主义。其言曰："前世不同教，何古是法？帝王不相复，何礼是循？伏羲神农，不教而诛。黄帝尧舜，诛而不怒。至于文武，各当时而立法，因事而制礼，礼法以时定，制令顺其宜，兵甲器备，各便其用。"故曰："治世者不二道，便国者不必古。汤武之王也，不循古而兴。商夏之亡也，不易礼而亡。"然则反古者未必非，而循礼者未足多，是也。又其驳甘龙之言曰："常人安于故俗，学者溺于所闻，两者以之居官守法可也，非所与论于法之外也。三代不同礼而王，五霸不同法而霸。智者作法，愚者制焉。贤者定法，不肖者拘焉。"商君之果断如此，实为当日思想革命之巨子。固亦为时势所驱迫，而要之非有超人之特性者，不足以语此也。

旧道德之排斥 周末文胜，凡古人所标揭为道德者，类皆名存实亡，为干禄舞文之具，如庄子所谓儒以诗礼破冢者是也。商君之革新主义，以国家为主体，即以人民对于国家之公德为无上之道德。而凡袭私德之名号，以间接致害于国家者，皆竭力排斥之。故曰："有礼，有乐，有诗，有书，有善，有修，有孝，有悌，有廉，有辨，有是十者，其国必削而至亡。"其言虽若过激，然当日虚诬吊诡之道德，非摧陷而廓清之，诚不足以有为也。

重刑 商君者，以人类为唯有营私背公之性质，非以国家无上之威权，逆其性而迫压之，则不能一其心力以集合为国家。故务在以刑齐民，而以赏为刑之附庸。曰："刑者，所以禁夺也。赏者，所以助禁也。故重罚轻赏，则上爱民而下为君死。反之，重赏而轻罚，则上不爱民，而下不为君死。故王者刑九而赏一，强国刑七而赏三，削国刑五而赏亦五。"商君之理想既如此，而假手于秦以实行之，不稍宽假。临渭而论刑，水为之赤。司马迁评为天资刻薄，谅哉。

尚信 商君言国家之治，在法、信、权三者。而其言普通社会之制裁，则唯信。秉政之始，尝悬赏徙木以示信，亦其见端也。盖彼既不认私人有自由行动之余地，而唯以服从于团体之制裁为义务，则舍信以外，无所谓根本之道德矣。

结论 商君，政治家也，其主义在以国家之威权裁制各人。故其言道德也，专尚公德，以为法律之补助，而持之已甚，几不留各人自由之余地。又其观察人性，专以趋恶之一方面为断，故尚刑而非乐，与管子之所谓令顺民心者相反。此则其天资刻薄之结果，而所以不免为道德界之罪人也。

第十三章　韩非子

小传　韩非，韩之庶公子也。喜刑名法术之学。尝与李斯同学于荀卿，斯自以为不如也。韩非子见韩之削弱，屡上书韩王，不见用。使于秦，遂以策干始皇，始皇欲大用之，为李斯所谗，下狱，遂自杀。其所著书凡五十五篇，曰《韩子》。自宋以后，始加"非"字，以别于韩愈云。方始皇未见韩非子时，尝读其书而慕之。李斯为其同学而相秦，故非虽死，而其学说实大行于秦焉。

学说之大纲　韩非子者，集周季学者三大思潮之大成者也。其学说，以中部思潮之法治主义为中坚。严刑必罚，本于商君。其言君主尚无为，而不使臣下得窥其端倪，则本于南方思潮。其言君主自制法律，登进贤能，以治国家，则又受北方思潮之影响者。自孟、荀、尸、申后，三部思潮，已有互相吸引之势。韩非子生于韩，闻申不害之风，而又学于荀卿，其刻核之性质，又与商君相近。遂以中部思潮为根据，又甄择南北两派，取其足以应时势之急，为法治主义之助，而无相矛盾者，陶铸辟灌，成一家言。盖根于性癖，演于师承，而又受历史地理之影响者也。呜呼，岂偶然者！

性恶论　荀子言性恶，而商君之观察人性也，亦然。韩非子承荀、商之说，而以历史之事实证明之。曰："人主之患在信人。

信人者,被制于人。人臣之于其君也,非有骨肉之亲也,缚于势而不得不事之耳。故人臣者,窥觇其君之心,无须臾之休,而人主乃怠傲以处其上,此世之所以有劫君弑主也。人主太信其子,则奸臣得乘子以成其私,故李兑傅赵王,而饿主父。人主太信其妻,则奸臣得乘妻以成其利,故优施傅骊姬而杀申生,立奚齐。夫以妻之近,子之亲,犹不可信,则其余尚可信乎?如是,则信者,祸之基也。其故何哉?曰:王良爱马,为其驰也。越王勾践爱人,为其战也。医者善吮人之伤,含人之血,非骨肉之亲也,驱于利也。故舆人成舆,欲人之富贵;匠人成棺,欲人之夭死;非舆人仁而匠人贼也。人不贵则舆不售,人不死则棺不买,情非憎人也,利在人之死也。故后妃夫人太子之党成,而欲君之死,君不死则势不重。情非憎君也,利在君之死也。故人君不可不加心于利己之死者。"

威势 人之自利也,循物竞争存之运会而发展,其势力之盛,无与敌者。同情诚道德之根本,而人群进化,未臻至善,欲恃道德以为成立社会之要素,辄不免为自利之风潮所摧荡。韩非子有鉴于此,故公言道德之无效,而以威势代之。故曰:"母之爱子也,倍于父,而父令之行于子也十于母。吏之于民也无爱,而其令之行于民也万于父母。父母积爱而令穷,吏用威严而民听,严爱之策可决矣。"又曰:"我以此知威势之足以禁暴,而德行之不足以止乱也。"又举事例以证之,曰:"流涕而不欲刑者,仁也。然而不可不刑者,法也。先王屈于法而不听其泣,则仁之不足以为治明也。且民服势而不服义。仲尼,圣人也,以天下之大,而服从之者仅七十人。鲁哀公,下主也,南面为君,而境内之民无不敢不臣者。今为说者,不知乘势,而务行仁义,而欲使人主为仲尼也。"

法律 虽然，威势者，非人主官吏滥用其强权之谓，而根本于法律者也。韩非子之所谓法，即荀卿之礼而加以偏重刑罚之义，其制定之权在人主。而法律既定，则虽人主亦不能以意出入之。故曰："绳直则枉木斫，准平则高科削，权衡悬则轻重平。释法术而心治，虽尧不能正一国；去规矩而度以妄意，则奚仲不能成一轮。"又曰："明主一于法而不求智。"

变通主义 荀卿之言礼也，曰法后王（法后王即立新法，非如杨氏旧注以后王为文武也）。商君亦力言变法，韩非子承之。故曰："上古之世，民不能作家，有圣人教之造巢，以避群害，民喜而以为王。其后有圣人，教民火食。降至中古，天下大水，而鲧禹决渎。桀纣暴乱，而汤武征伐。今有构木钻燧于夏后氏之世者，必为鲧禹笑。有决渎于殷商之世者，必为汤武笑矣。"又曰："宋人耕田，田中有株，兔走而触株，折颈而死。其人遂舍耕而守株，期复得兔，兔不可复得，而身为宋国笑。"然则韩非子之所谓法，在明主循时势之需要而制定之，不可以泥古也。

重刑罚 商君、荀子皆主重刑，韩非子承之。曰："人不恃其身为善，而用其不得为非，待人之自为善，境内不什数，使之不得为非，则一国可齐而治。夫必待自直之箭，则百世无箭。必待自圆之木，则千岁无轮。而世皆乘车射禽者，何耶？用隐括之道也。虽有不待隐括而自直之箭，自圆之木，良工不贵也。何则？乘者非一人，射者非一发也。不待赏罚而恃自善之民，明君不贵也。有术之君，不随适然之善，而行必然之道。罚者，必然之道也。"且韩非子不特尚刑罚而已，而又尚重刑。其言曰："殷法刑弃灰于道者，断其手。子贡以为酷，问之仲尼，仲尼曰：

'是知治道者也。夫弃灰于街，必掩人，掩人则人必怒，怒则必斗，斗则三族相灭，是残三族之道也，虽刑之可也。'且夫重罚者，人之所恶，而无弃灰，人之所易，使行其易者而无离于恶，治道也。"彼又言重刑一人，而得使众人无陷于恶，不失为仁。故曰："与之刑者，非所以恶民，而爱之本也。刑者，爱之首也。刑重则民静，然愚人不知，而以为暴。愚者固欲治，而恶其所以治者；皆恶危，而贵其所以危者。"

君主以外无自由 韩非子以君主为有绝对之自由，故曰："君不能禁下而自禁者曰劫，君不能节下而自节者曰乱。"至于君主以下，则一切人民，凡不范于法令之自由，皆严禁之。故伯夷、叔齐，世颂其高义者也。而韩非子则曰："如此臣者，不畏重诛，不利重赏，无益之臣也。"恬淡者，世之所引重也，而韩非子则以为可杀。曰："彼不事天子，不友诸侯，不求人，亦不从人之求，是不可以赏罚劝禁者也。如无益之马，驱之不前，却之不止，左之不左，右之不右，如此者，不令之民也。"

以法律统一名誉 韩非子既不认人民于法律以外有自由之余地，于是自服从法律以外，亦无名誉之余地。故曰："世之不治者，非下之罪，而上失其道也。贵其所以乱，而贱其所以治。是故下之所欲，常相诡于上之所以为治。夫上令而纯信，谓为窭。守法而不变，谓之愚。畏罪者谓之怯。听吏者谓之陋。寡闻从令，完法之民也，世少之，谓之朴陋之民。力作而食，生利之民也，世少之，谓之寡能之民。重令畏事，尊上之民也，世少之，谓之怯慑之民。此贱守法而为善者也。反之而令有不听从，谓之勇。重厚自尊，谓之长者。行乖于世，谓之大人。贱爵禄不挠于上者，谓之杰士。是以乱法为高也。"又曰："父盗而子诉之官，官以其忠君曲父而杀之。由是观之，君之直臣者，父之暴子也。"又曰："汤武者，反君臣之义，乱后世之教者也。汤武，人臣也，弑其父而天下誉之。"然则韩非子之意，君主者，必举臣民之思想自由、言论自由而一切摧绝之者也。

排慈惠 韩非子本其重农尚战之政策，信赏必罚之作用，而演绎之，则慈善事业，不得不排斥。故曰："施与贫困者，此世之所谓仁义也。哀怜百姓不忍诛罚者，此世之所谓惠爱也。夫施与贫困，则功将何赏？不忍诛罚，则暴将何止？故天灾饥馑，不敢救之。何则？有功与无功同赏，夺力俭而与无功无能，不正义也。"

结论 韩非子袭商君之主义，而益详明其条理。其于儒家、道家之思想，虽稍稍有所采撷，然皆得其粗而遗其精。故韩非子者，虽有总揽三大思潮之观，而实商君之嫡系也。法律实以道德为根原，而彼乃以法律统摄道德，不复留有余地；且于人类所以集合社会，所以发生道理法律之理，漠不加察，乃以君主为法律道德之创造者。故其揭明公德，虽足以救儒家之弊，而自君主以外，无所谓自由。且为君主者以术驭吏，以刑齐民，日以心斗，以为社会谋旦夕之平和。然外界之平和，虽若可以强制，而内界之俶扰益甚。秦用其说，而民不聊生，所谓万能之君主，亦卒无以自全其身家，非偶然也。故韩非子之说，虽有可取，而其根本主义，则直不容于伦理界者也。

第一期结论

吾族之始建国也，以家族为模型。又以其一族之文明，同化异族，故一国犹一家也。一家之中，父兄更事多，常能以其所经验者指导子弟。一国之中，政府任事专，故亦能以其所经验者指导人民。父兄之责，在躬行道德以范子弟，而著其条目于家教，子弟有不帅教者责之。政府之责，在躬行道德，以范人民，而著其条目于礼，人民有不帅教者罚之（孔子所谓道之以德、齐之以礼是也。古者未有道德法律之界说，凡条举件系者皆以礼名之。至《礼记》所谓礼不下庶人，则别一义也）。故政府犹父兄也（唯父兄不德，子弟唯怨慕而已，如舜之号泣于旻天是也。政府不德，则人民得别有所拥戴以代之，如汤武之革命是也。然此皆变例），人民常抱有禀承道德于政府之观念。而政府之所谓道德，虽推本自然教，近于动机论之理想，而所谓天命有礼，天讨有罪，则实毗于功利论也。当虞夏之世，天灾流行，实业未兴，政府不得不偏重功利。其时所揭者，曰正德、利用、厚生。利用、厚生者，勤俭之德；正德者，中庸之德也（如皋陶所言之九德是也）。洎乎周代，家给人足，人类公性，不能以体魄之快乐自餍，恒欲进而求精神之幸福。周公承之，制礼作乐。礼之用方以智，乐之用圆而神。右文增美，尚礼让，斥奔竞。其建都于洛也，曰：使有德者易以兴，无德者易以亡，其尚公如此。盖于不知不识间，循时势之推移，偏毗于动机论，而排斥功利论矣。然此皆历史中递嬗之事实，而未立为学说也。管子鉴周治之弊而矫之，始立功利论。然其所谓下令如流水之源，令顺民心，则参以动机论者也。老子苦礼法之拘，而言大道，始立动机论。而其所持柔弱胜刚强之见，则犹未能脱功利论之范围也。商君、韩非子承管子之说，而立纯粹之功利论。庄子承老子之说，而立纯粹之动机论。是为周代伦理学界之大革命家。唯商、韩之功利论，偏重刑罚，仅有消极之一作用。而政府万能，压束人民，不近人情，尤不合于我族历史所孳生之心理。故其说不能久行，而唯野心之政治家阴利用之。庄子之动机论，几超绝物质世界，而专求精神之幸福。非举当日一切家族社会国家之组织而悉改造之，不足以普及其学说，尤与吾族父兄政府之观念相冲突。故其说不特恒为政治家所排斥，而亦无以得普通人之信用，唯遁世之士颇寻味之（汉之政治家言黄老、不言老庄以此）。其时学说，循历史之流委而组织之者，唯儒、墨二家。唯墨子绍述夏商，以挽周弊，其兼爱主义，虽可以质之百世而不惑，而其理论，则专以果效为言，纯然功利论之范围。又以鬼神之祸福胁诱之，于人类所以互相爱利之故，未之详也。而维循当日社会之组织，使人之克勤克俭，互相协助，以各保其生命，而亦不必有陶淑性情之作用。此必非文化已进之民族所能堪，故其说唯平凡之慈善家颇宗尚之（如汉之《太上感应》篇，虽托于神仙家，而实为墨学。明人所传之《阴骘篇》《功过格》等，皆其流也）。唯儒家之言，本周公遗意，而兼采唐虞夏商之古义以调燮之。理论实践，无在而不用折中主义：推本性道，以励志士，先制恒产，乃教凡民，此折中于动机论与功利论之间者也。以礼节奢，以乐易俗，此折中于文质之间者也。子为父隐，而吏不挠法（如孟子言舜为天子，而瞽瞍杀人，则皋陶执之，舜亦不得而禁之），此折中于公德私德之间者也。人民之道德，禀承于政府，而政府之变置，则又标准于民心，此折中于政府人民之间者也。敬恭祭祀而不言神怪，此折中于人鬼之间者也。虽其哲学之闳深，不及道家；法理之精核，不及法家；人类平等之观念，不及墨家。又其所谓折中主义者，不以至精之名学为基本，时不免有依违背施之迹，故不免为近世学者所攻击。然周之季世，吾族承唐虞以来二千年之进化，而凝结以为社会心理者，实以此种观念为大多数。此其学说所以虽小挫于秦，而自汉以后，卒为吾族伦理界不祧之宗，以至于今日也。

第二期　汉唐继承时代

第一章　总说

汉唐间之学风　周季，处士横议，百家并兴，焚于秦，罢黜于汉，诸子之学说燔矣。儒术为汉所尊，而治经者收拾烬余，治故训不暇给。魏晋以降，又遭乱离，学者偷生其间，无远志，循时势所趋，为经儒，为文苑，或浅尝印度新思想，为清谈。唐兴，以科举之招，尤群趋于文苑。以伦理学言之，在此时期，学风最为颓靡。其能立一家言、占价值于伦理学界者无几焉。

儒教之托始　儒家言，纯然哲学家、政治家也。自汉武帝表章之，其后郡国立孔子庙，岁时致祭。学说有背孔子者，得以非圣无法罪之。于是儒家具有宗教之形式。汉儒以灾异之说，符谶之文，糅入经义。于是儒家言亦含有宗教之性质。是为后世儒教之名所自起。

道教之托始　道家言，纯然哲学家也。自周季，燕齐方士，本上古巫医杂糅之遗俗，而创为神仙家言，以道家有全性葆真之说，则援傅之以为理论。汉武罢黜百家，而独好神仙。则道家言益不得不寄生于神仙家以自全。于是演而为服食，浸而为符箓，而道教遂具宗教之形式，后世有道教之名焉。

佛教之流入　汉儒治经，疲于故训，不足以餍颖达之士；儒家大义，经新莽曹魏之依托，而使人怀疑。重以汉世外戚宦寺之祸，正直之士，多遭惨祸，而汉季人民，酷罹兵燹，激而生厌世之念。是时，适有佛教流入，其哲理契合老庄，而尤为邃博，足以餍思想家。其人生观有三世应报诸说，足以慰藉不聊生之民。其大乘义，有体象同界之说，又无忤于服从儒教之社会。故其教遂能以种种形式，流布于我国。虽有墟寺杀僧之暴主，庐居火书之建议，而不能灭焉。

三教并存而儒教终为伦理学之正宗　道、释二家，虽皆占宗教之地位，而其理论方面，范围于哲学。其实践方面，则辟谷之方，出家之法，仅为少数人所信从。而其他送死之仪，祈祷之式，虽窜入于儒家礼法之中，然亦有增附而无冲突。故在此时期，虽确立三教并存之基础，而普通社会之伦理学，则犹是儒家言焉。

第二章　淮南子

汉初惩秦之败，而治尚黄老，是为中部思想之反动，而倾于南方思想。其时叔孙通采秦法，制朝仪。贾谊、晁错治法家，言治道。虽稍稍绎中部思潮之坠绪，其言多依违儒术，适足为武帝时独尊儒术之先驱。武帝以后，中部思潮，潜伏于北方思潮之中，而无可标揭。南部思潮，则萧然自处于政治界之外，而以其哲理调和于北方思想焉。汉宗室中，河间献王，王于北方，修经术，为北方思想之代表。而淮南王安王于南方，著书言道德及神仙黄白之术，为南方思想之代表焉。

小传　淮南王安，淮南王长之子也。长为文帝弟，以不轨失国，夭死。文帝三分其故地，以王其三子，而安为淮南王。安既之国，行阴德，拊循百姓，招致宾客方术之士数千人，以流名誉。景帝时，与于七国之乱，及败，遂自杀。

著书　安尝使其客苏飞、李尚、左吴、田由、雷被、毛被、何被、晋昌等八人，及诸儒大山小山之徒，讲论道德。为内书二十一篇，为外书若干卷，又别为中篇八卷，言神仙黄白之术，亦二十余万言。其内书号曰"鸿烈"。高诱曰："鸿者大也，烈者明也，所以明大道也。"刘向校定之，名为《淮南内篇》，亦名《刘安子》。而其外书及中篇皆不传。

南北思想之调和　南北两思潮之大差别，在北人偏于实际，务证明政治道德之应用，南人偏于理想，好以世界观演绎为人生观之理论，皆不措意于差别界及无差别界之区畔，故常滋聚讼。苟循其本，固非不可以调和者。周之季，尝以中部思潮为绍介，而调和于应用一方面。及汉世，则又有于理论方面调和之者，淮南子、扬雄是也。淮南子有见于老庄哲学专论宇宙本体，而略于研究人性，故特揭性以为教学之中心，而谓发达其性，可以达到绝对界。此以南方思想为根据，而辅之以北方思想者也。扬雄有见于儒者之言虽本现象变化之规则，而推演之于人事，而于宇宙之本体，未遑研究，故撷取老庄哲学之宇宙观，以说明人性之所自。此以北方思想为根据，而辅之以南方思想者也。二者，取径不同，而其为南北思想理论界之调人，则一也。

　　道　淮南子以道为宇宙之代表，本于老庄；而以道为能调摄万有包含天则，则本于北方思想。其于本体、现象之间，差别界、无差别界之限，亦稍发其端倪。故于《原道训》言之曰："夫道者，覆天载地，廓四方，柝八极，高不可际，深不可测，包裹天地，禀授无形，虚流泉浡，冲而徐盈，混混滑滑，浊而徐清。故植之而塞天地，横之而弥四海，施之无穷而无朝夕，舒之而幎六合，卷之而不盈一握。约而能张，幽而能明，弱而能强，柔而能刚。横四维，含阴阳，纮宇宙，章三光。甚淖而㵄，甚纤而微。山以之高，渊以之深，兽以之走，鸟以之飞，日月以之明，星历以之行，麟以之游，凤以之翔。泰古二皇，得道之柄，立于中央，神与化游，以抚四方。"虽然，道之作用，主于结合万有，而一切现象，为万物任意之运动，则皆消极者，而非积极者。故曰："夫有经纪条贯，得一之道，而连千枝万叶，是故贵有以行令，贱有以忘卑，贫有以乐业，困有以处危。所以然者何耶？无他，道之本体，虚静而均，使万物复归于同一之状态者也。"故曰："太上之道，生万物而不有，成化象而不宰，跂行喙息，蠕飞蠕动，待之而后生，而不之知德，待之而后死，而不之能怨。得以利而不能誉，用以败而不能非。收聚畜积而不加富，布施禀授而不益贫。旋县而不可究，纤微而不可勤，累之而不高，堕之而不下，虽益之而不众，虽损之而不寡，虽斫之而不薄，虽杀之而不残，虽凿之而不深，虽填之而不浅。忽兮恍兮，不可为象。恍兮忽兮，用而不屈。幽兮冥兮，应于无形。遂兮洞兮，虚而不动。卷归刚柔，俯仰阴阳。"

性 道既虚净，人之性何独不然，所以扰之使不得虚静者，知也。虚静者天然，而知则人为也。故曰："人生而静，天之性也。感而后动，性之害也。物至而应之，知之动也。知与物接，而好憎生，好憎成形，知诱于外，而不能反己，天理灭矣。"于是圣人之所务，在保持其本性而勿失之。故又曰："达其道者不以人易天，外化物而内不失其情，至无而应其求，时聘而要其宿，小大修短，各有其是，万物之至也。腾踊肴乱，不失其数。"

性与道合 虚静者，老庄之理想也。然自昔南方思想家，不于宇宙间认有人类之价值，故不免外视人性。而北方思想家子思之流，则颇言性道之关系，如《中庸》诸篇是也。淮南子承之，而立性道符同之义，曰："清净恬愉，人之性也。"以道家之虚静，代中庸之诚，可谓巧于调节者。其《齐俗训》之言曰："率性而行之之为道，得于天性之谓德。"即《中庸》所谓"率性之为道，修道之为教"也。于是以性为纯粹具足之体，苟不为外物所蔽，则可以与道合一。故曰："夫素之质白，染之以涅则黑。缣之性黄，染之以丹则赤。人之性无邪，久湛于俗则易，易则忘本而合于若性。故日月欲明，浮云蔽之。河水欲清，沙石秽之。人性欲平，嗜欲害之。惟圣人能遗物而已。夫人乘船而惑，不知东西，见斗极而悟。性，人之斗极也，有以自见，则不失物之情；无以自见，则动而失营。"

修为之法 承子思之性论而立性善论者，孟子也。孟子揭修为之法，有积极、消极二义，养浩然之气及求放心是也。而淮南子既以性为纯粹具足之体，则有消极一义而已足。以为性者，无可附加，唯在去欲以反性而已。故曰："为治之本，务在安民。安民之本，在足用。足用之本，在无夺时。无夺时之本，在省事。省事之本，在节欲。节欲之本，在反性。反性之本，在去载。去载则虚，虚则平。平者，道之素也。虚者，道之命也。能有天下者，必不丧其家。能治其家者，必不遗其身。能修其身者，必不忘其心。能原其心者，必不亏其性。能全其性者，必不惑于道。"载者，浮华也，即外界诱惑之物，能刺激人之嗜欲者也。然淮南子亦以欲为人性所固有而不能绝对去之，故曰："圣人胜于心，众人胜于欲，君子行正气，小人行邪性。内便于性，外合于义，循理而动，不系于殉，正气也。重滋味，淫声色，发喜怒，不顾后患者，邪气也。邪与正相伤，欲与性相害，不可两立，一置则一废，故圣人损欲而从事于性。目好色，耳好声，口好味，接而悦之，不知利害，嗜欲也。食之而不宁于体，听之而不合于道，视之而不便于性，三宫交争，以义为制者，心也。瘁疽非不痛也。饮毒药，非不苦也。然而为之者，便于身也。渴而饮水，非不快也。饥而大食，非不澹也。然而不为之者，害于性也。四者，口耳目鼻，不如取去，心为之制，各得其所。"由是观之，欲之不可胜也明矣。凡治身养性，节寝处，适饮食，和喜怒，便动静，得之在己，则邪气因而不生。又曰："情适于性，则欲不过节。"然则淮南子之意，固以为欲不能尽灭，唯有以节之，使不致生邪气以害性而已。盖欲之适性者，合于自然；其不适于性者，则不自然。自然之欲可存；而不自然之欲，不可不勉去之。

善即无为 淮南子以反性为修为之极则，故以无为为至善，曰：所谓善者，静而无为也。所为不善者，躁而多欲也。适情辞余，无所诱惑，循性保真而无变。故曰：为善易。越城郭，逾险塞，奸符节，盗管金，篡杀矫诬，非人之性也。故曰：为不善难。

理想之世界 淮南子之性善说，本以老庄之宇宙观为基础，故其理想之世界，与老庄同。曰："性失然后贵仁，过失然后贵义。是故仁义足而道德迁，礼乐余则纯朴散，是非形则百姓眩，珠玉尊则天下争。凡四者，衰世之道也，末世之用也。"又曰："古者民童蒙，不知东西，貌不羡情，言不溢行，其衣致暖而无文，其兵戈铢而无刃，其歌乐而不转，其哭哀而无声。凿井而饮，耕田而食，无所施其美，亦不求得，亲戚不相毁誉，朋友不相怨德。及礼义之生，货财之贵，而诈伪萌兴，非誉相纷，怨德并行。于是乃有曾参孝己之美，生盗跖庄蹻之邪。故有大路龙旗羽盖垂缨结驷连骑，则必有穿窬折揵抽箕逾备之奸；有诡文繁绣弱褐罗纨，则必有菅蹻跐蹰短褐不完。故高下之相倾也，短修之相形也，明矣。"其言固亦有倒果为因之失，然其意以社会之罪恶，起于不平等；又谓至治之世，无所施其美，亦不求得，则名言也。

性论之矛盾 淮南子之书，成于众手，故其所持之性善说，虽如前述，而间有自相矛盾者。曰："身正性善，发愤而为仁，悃愊而为义，性命可说，不待学问而合于道者，尧舜文王也。沉湎耽荒，不教以道者，丹朱商均也。曼颊皓齿，形夸骨佳，不待脂粉芳泽而可悦者，西施阳文也。嗜吶哆呀，蘧蘧戚施，虽粉白黛黑，不能为美者，嫫母仳倠也。夫上不及尧舜，下不及商均，美不及西施，恶不及嫫母，是教训之所谕。"然则人类特殊之性，有偏于美恶两极而不可变，如美丑焉者，常人列于其间，则待教而为善，是即孔子所谓性相近，唯上知与下愚不移者也。淮南子又常列举尧、舜、禹、文王、皋陶、启、契、史皇、羿九人之特性而论之曰："是九贤者，千岁而一出，犹继踵而生，今无五圣之天奉，四俊之才难，而欲弃学循性，是犹释船而欲蹍水也。"然则常人又不可以循性，亦与其本义相违者也。

结论 淮南子之特长，在调和儒、道两家，而其学说，则大抵承前人所见而阐述之而已。其主持性善说，而不求其与性对待之欲之所自出，亦无以异于孟子也。

第三章　董仲舒

小传　董仲舒,广川人。少治春秋,景帝时,为博士。武帝时,以贤良应举,对策称旨。武帝复策之,仲舒又上三策,即所谓《天人策》也。历相江都王、胶西王,以病免,家居著书以终。

著书　《天人策》为仲舒名著,其第三策,请灭绝异学,统一国民思想,为武帝所采用,遂尊儒术为国教,是为伦理史之大纪念。其他所著书,有所谓《春秋繁露》《玉杯》《竹林》之属,其详已不可考。而传于世者号曰《春秋繁露》,盖后儒所缀集也。其间虽多有五行灾异之说,而关于伦理学说者,亦颇可考见云。

纯粹之动机论　仲舒之伦理学,专取动机论,而排斥功利说。故曰:"正其义不谋其利,明其道不计其功。"此为宋儒所传诵,而大占势力于伦理学界者也。

天人之关系　仲舒立天人契合之说,本上古崇拜自然之宗教而敷张之。以为踪迹吾人之生系,自父母而祖父母而曾父母,又递推而上之,则不能不推本于天,然则人之父即天也。天者,不特为吾人理法之标准,而实有血族之关系,故吾人不可不敬之而法之。然则天之可法者何在耶?曰:"天覆育万物,化生而养成之,察天之意,无穷之仁也。"天常以爱利为意,以养为事。又曰:"天生之以孝悌,无孝悌则失其所以生。地养之以衣食,无衣食则失其所以养。人成之以礼乐，无礼乐则失其所以成。"言三才之道唯一，而宇宙究极之理想，不外乎道德也。由是以人为一小宇宙，而自然界之变异，无不与人事相应。盖其说颇近于墨子之有神论，而其言天以爱利为道，亦本于墨子也。

性 仲舒既以道德为宇宙全体之归宿，似当以人性为绝对之善，而其说乃不然。曰："禾虽出米，而禾未可以为米。性虽出善，而性未可以为善。茧虽有丝，而茧非丝。卵虽出雏，而卵非雏。故性非善也。性者，禾也，卵也，茧也。卵待覆而后为善雏，茧待练而后为善丝，性待教训而后能善。善者，教诲所使然也，非质朴之能至也。"然则性可以为善，而非即善。故又驳性善说，曰："循三纲五纪，通八端之理，忠信而博爱，敦厚而好礼，乃可谓善，是圣人之善也。故孔子曰：'善人吾不得而见之，得见有恒者斯可矣。'由是观之，圣人之所谓善，亦未易也。善于禽兽，非可谓善也。"又曰："天地之所生谓之性情，情与性一也，瞑情亦性也。谓性善则情奈何？故圣人不谓性善以累其名。身之有性情也，犹天之有阴阳也。"言人之性而无情，犹言天之阳而无阴也。仁、贪两者，皆自性出，必不可以一名之也。

性论之范围 仲舒以孔子有上知下愚不移之说，则从而为之辞曰："圣人之性，不可以名性，斗筲之性，亦不可以名性。性者，中民之性也。"是亦开性有三品说之端者也。

教 仲舒以性必待教而后善，然则教之者谁耶？曰：在王者，在圣人。盖即孔子之所谓上知不待教而善者也。故曰："天生之，地载之，圣人教之。君者，民之心也。民者，君之体也。心之所好，天必安之。君之所命，民必从之。故君民者，贵孝悌，好礼义，重仁廉，轻财利，躬亲职此于上，万民听而生善于下，故曰：先王以教化民。"

仁义 仲舒之言修身也，统以仁义，近于孟子。唯孟子以仁为固有之道德性，而以义为道德法则之认识，皆以心性之关系言之；而仲舒则自其对于人我之作用而言之，盖本其原始之字义以为说者也。曰："春秋之所始者，人与我也。所以治人与我者，仁与义也。仁以安人，义以正我，故仁之为言人也，义之为言我也，言名以别，仁之于人，义之于我，不可不察也。众人不察，乃反以仁自裕，以义设人，绝其处，逆其理，鲜不乱矣。"又曰："春秋为仁义之法，仁之法在爱人，不在爱我。义之法在正我，不在正人。我不自正，虽能正人，而义不予。不被泽于人，虽厚自爱，而仁不予。"

结论 仲舒之伦理学说，虽所传不具，而其性论，不毗于善恶之一偏，为汉唐诸儒所莫能外。其所持纯粹之动机论，为宋儒一二学派所自出，于伦理学界颇有重要之关系也。

第四章　扬雄

小传　扬雄，字子云，蜀之成都人。少好学，不为章句训诂，而博览，好深湛之思，为人简易清净，不汲汲于富贵。哀帝时，官至黄门郎。王莽时，被召为大夫。以天凤七年卒，年七十一。

著书　雄尝治文学及言语学，作辞赋及方言训纂篇等书。晚年，专治哲学，仿《易传》著《太玄》，仿《论语》著《法言》。《太玄》者，属于理论方面，论究宇宙现象之原理，及其进动之方式。《法言》者，属于实际方面，推究道德政治之法则。其伦理学说，大抵见于《法言》云。

玄　扬雄之伦理学说，与其哲学有密切之关系。而其哲学，则融会南北思潮而较淮南子更明晰更切实也。彼以宇宙本体为玄，即老庄之所谓道也。而又进论其动作之一方面，则本易象中现象变化之法则，而推阐为各现象公动之方式。故如其说，则物之各部分，与其全体，有同一之性质。宇宙间发生人类，人类之性，必同于宇宙之性。今以宇宙之本体为玄，则人各为一小玄体，而其性无不具有玄之特质矣。然则所谓玄者如何耶？曰："玄者，幽摘万物而不见形者也。资陶万物而生规，捆神明而定摹，通古今以开类，捆指阴阳以发气，一判一合，天地备矣。天日回行，刚柔接矣。还复其所，始终定矣。一生一死，性命莹矣。仰以观象，俯以观情，察性知命，原始见终，三仪同科，厚薄相劘，圆者杌陧，方者啬吝，嘘者流体，唅者凝形。"盖玄之本体，虽为虚静，而其中包有实在之动力，故动而不失律。盖消长二力，并存于本体，而得保其均衡。故本体不失其为虚静，而两者之潜势力，亦常存而不失焉。

性 玄既如是，性亦宜然。故曰："天降生民，使侗颛蒙。"谓乍观之，不过无我无知之状也。然玄之中，由阴阳之二动力互相摄而静定。则性之中，亦当有善恶之二分子，具同等之强度。如中性之水，非由蒸气所成，而由于酸碱两性之均衡也。故曰："人之性也，善恶混。修其善则为善人，修其恶则为恶人。气也者，适于善恶之马也。"雄所谓气，指一种冲动之能力，要亦发于性而非在性以外者也。然则雄之言性，盖折中孟子性善、荀子性恶二说而为之，而其玄论亦较孟、荀为圆足焉。

性与为 人性者，一小玄也。触于外力，则气动而生善恶。故人不可不善驭其气。于是修为之方法尚已。

修为之法 或问何如斯之谓人？曰：取四重，去四轻。何谓四重？曰：重言，重行，重貌，重好。言重则有法，行重则有德，貌重则有威，好重则有欢。何谓四轻？曰：言轻则招忧，行轻则招辜，貌轻则招辱，好轻则招淫。其言不能出孔子之范围。扬雄之学，于实践一方面，全袭儒家之旧。其言曰："老子之言道德也，吾有取焉。其槌提仁义，绝灭礼乐，吾无取焉。"可以观其概矣。

模范 雄以人各为一小玄，故修为之法，不可不得师，得其师，则久而与之类化矣。故曰："勤学不若求师。师者，人之模范也。"曰："螟蛉之子，殪而遇蜾蠃，蜾蠃见之，曰：类我类我，久则肖之。速矣哉！七十子之似仲尼也。或问人可铸与？曰：孔子尝铸颜回矣。"

结论 扬雄之学说，以性论为最善，而于性中潜力所由以发动之气，未尝说明其性质，是其性论之缺点也。

第五章　王充

汉代自董、扬以外，著书立言，若刘向之《说苑》《新序》，桓谭之《新论》，荀悦之《申鉴》，以至徐幹之《中论》，皆不愧为儒家言，而无甚创见。其抱革新之思想，而敢与普通社会奋斗者，王充也。

小传　王充，字仲任，上虞人。师事班彪，家贫无书，常游洛阳市肆，阅所卖书，遂博通众流百家之言。著《论衡》八十五篇，《养性书》十六篇。今所传者唯《论衡》云。

革新之思想　汉儒之普通思想，为学理进步之障者二：曰迷信，曰尊古。王充对于迷信，有《变虚》《异虚》《感虚》《福虚》《祸虚》《龙虚》《雷虚》《道虚》等篇。于一切阴阳灾异及神仙之说，掊击不遗余力，一以其所经验者为断，粹然经验派之哲学也。其对于尊古，则有《刺孟》《非韩》《问孔》诸篇。虽所举多无关宏旨，而要其不阿所好之精神，有可取者。

无意志之宇宙论　王充以人类为比例，以为凡有意志者必有表现其意志之机关，而宇宙则无此机关，则断为无意志。故曰："天地者，非有为者也。凡有为者有欲，而表之以口眼者也。今天者如云雾，地者其体土也。故天地无口眼，而亦无为。"

万物生于自然　宇宙本无意志，仅为浑然之元气，由其无意识之动，而天地万物，自然生焉。王充以此意驳天地生万物之旧说。曰:"凡所谓生之者,必有手足。今云天地生之,而天地无有手足之理,故天地万物之生,自然也。"

气与形形与命 天地万物,自然而生,物之生也,各禀有一定之气,而所以维持其气者,不可不有相当之形。形成于生初,而一生之运命及性质,皆由是而定焉。故曰:"俱禀元气,或为禽兽,或独为人,或贵或贱,或贫或富,非天禀施有左右也。人物受性,有厚薄也。"又曰:"器形既成,不可小大。人体已定,不可减增。用气为性,性成命定。体气与形骸相抱,生死与期节相须。"又曰:"其命富者,筋力自强,命贵之人,才智自高。"(班彪尝作《王命论》,充师事彪,故亦言有命)

骨相 人物之运命及性质,皆定于生初之形。故观其骨相,而其运命之吉凶,性质之美恶,皆得而知之。其所举因骨相而知性质之证例有曰:越王勾践长颈鸟喙,范蠡以为可以共忧患而不可与共安乐;秦始皇隆准长目鹰胸犀声,其性残酷而少恩云。

性 王充之言性也,综合前人之说而为之。彼以为孟子所指为善者,中人以上之性,如孔子之生而好礼是也。荀子所指为恶者,中人以下之性,少而无推让之心是也。至扬雄所谓善恶混者,则中人之性也。性何以有善恶?则以其禀气有厚薄多少之别。禀气尤厚尤多者,恬淡无为,独肖元气,是谓至德之人,老子是也。由是而递薄递少,则以渐不肖元气焉。盖王充本老庄之义,而以无为为上德云。

恶 王充以人性之有善恶,由于禀气有厚薄多少之别。此所谓恶,盖仅指其不能为善之消极方面言之,故以为禀气少薄之故。至于积极之恶,则又别举其原因焉。曰:"万物有毒之性质者,由太阳之热气而来,如火烟入眼中,则眼伤。火者,太阳之热所变也。受此热气最甚者，在虫为蜂，在草为荩、巴豆、冶，在鱼为鲑、鲅、鲵，在人为小人。"然则充之意，又以为元气中含有毒之分子，而以太阳之热气代表之也。

结论 王充之特见，在不信汉儒天人感应之说。其所言人之命运及性质与骨相相关，颇与近世唯物论以精神界之现象悉推本于生理者相类，在当时不可谓非卓识。唯彼欲以生初之形，定其一生之命运及性质，而不悟体育及智、德之教育，于变化体质及精神，皆有至大之势力，则其所短也。要之，充实为代表当时思想之一人，盖其时人心已厌倦于经学家天人感应五行灾异之说，又将由北方思潮而嬗于南方思想。故其时桓谭、冯衍皆不言谶，而王充有《变虚》《异虚》诸篇，且以老子为上德。由是而进，则南方思想愈炽，而魏晋清谈家兴焉。

第六章　清谈家之人生观

自汉以后，儒学既为伦理学界之律贯，虽不能人人实践，而无敢昌言以反对之者。不特政府保持之力，抑亦吾民族由习惯而为遗传性，又由遗传性而演为习惯，往复于儒教范围中，迭为因果，其根柢深固而不可摇也。其间偶有一反动之时代，显然以理论抗之者，为魏晋以后之清谈家。其时虽无成一家之言者，而于伦理学界，实为特别之波动。故钩稽事状，缀辑断语，而著其人生观之大略焉。

起源　清谈家之所以发生于魏晋以后者，其原因颇多：（一）经学之反动。汉儒治经，囿于诂训章句，牵于五行灾异，而引以应用于人事。积久而高明之士，颇厌其拘迂。（二）道德界信用之失。汉世以经明行修孝廉方正等科选举吏士，不免有行不副名者。而儒家所崇拜之尧舜周公，又迭经新莽魏文之假托，于是愤激者遂因而怀疑于历史之事实。（三）人生之危险。汉代外戚宦官，更迭用事。方正之士，频遭惨祸，而无救于危亡。由是兵乱相寻，贤愚贵贱，均有朝不保夕之势。于是维持社会之旧学说，不免视为赘疣。（四）南方思想潜势力之发展。汉武以后，儒家言虽因缘政府之力，占学界统一之权，而以其略于宇宙论之故，高明之士，无以自餍。故老庄哲学，终潜流于思想界而不灭。扬雄当儒学盛行时，而著书兼采老庄，是其证也。及王充时，潜流已稍稍发展。至于魏晋,则前之三因,已达极点,思想家不能不援老庄方外之观以自慰,而其流遂漫衍矣。(五)佛教之输入。当此思想界摇动之时,而印度之佛教,适乘机而输入,其于厌苦现世超度彼界之观念,尤为持之有故而言之成理。于是大为南方思想之助力,而清谈家之人生观出焉。

要素 清谈家之思想,非截然舍儒而合于道、佛也,彼盖灭裂而杂糅之。彼以道家之无为主义为本,而于佛教则仅取其厌世思想,于儒家则留其阶级思想(阶级思想者,源于上古时百姓、黎民之分,孔孟则谓之君子、小人,经秦而其迹已泯。然人类不平等之思想,遗传而不灭;观东晋以后之言门第可知也)及有命论(夏道尊命,其义历商周而不灭。孔子虽号罕言命,而常有有命、知命、俟命之语。唯儒家言命,其使人克尽义务,而不为境界所移。汉世不遇之士,则借以寄其怨愤。至王充则引以合于道家之无为主义,则清谈家所本也)。有阶级思想,而道、佛两家之人类平等观,儒、佛两家之利他主义,皆以为不相容而去之。有厌世思想,则儒家之克己,道家之清净,以至佛教之苦行,皆以为徒自拘苦而去之。有命论及无为主义,则儒家之积善,佛教之济度,又以为不相容而去之。于是其所余之观念,自等也,厌世也,有命而无可为也,遂集合而为苟生之唯我论,得以伪列子之《杨朱》篇代表之(《杨朱》篇虽未能确指为何人所作,然以其理论与清谈家之言行正相符合,故假定为清谈家之学说)。略叙其说于下:

人生之无常 《杨朱》篇曰:"百年者,寿之大齐,得百年者千不得一。设有其一,孩抱以逮昏老,夜眠之所弭者或居其半,昼觉之所遗者又几居其半,痛疾哀苦亡失忧惧又或居其半,量十数年之中，逍遥自得，无介焉之虑者，曾几何时！人之生也，奚为哉？奚乐哉？"曰："十年亦死，百年亦死，生为尧舜，死则腐骨，生为桀纣，死亦腐骨，一而已矣。"言人生至短且弱，无足有为也。阮籍之《大人先生传》，用意略同。曰："天地之永固，非世俗之所及。往者天在下，地在上，反覆颠倒，未之安固，焉能不失律度？天固地动，山陷川起，云散震坏，六合失理，汝又焉得择地而行，趋步商羽？往者祥气争存，万物死虑，支体不从，身为泥土，根拔枝除，咸失其所，汝又安得束身修行，磬折抱鼓？李牧有功而身死，伯宗忠而世绝，进而求利以丧身，营爵赏则家灭，汝又焉得金玉万亿，挟纸奉君上全妻子哉？"要之，以有命为前提，而以无为为结论而已。

从欲 彼所谓无为者，谓无所为而为之者也。无所为而为之，则如何？曰："视吾力之所能至，以达吾意之所向而已。"《杨朱》篇曰："太古之人，知生之暂来，而死之暂去，故从心而不违自然。"又曰："恣耳之所欲听，恣目之所欲视，恣鼻之所欲向，恣口之所欲言，恣体之所欲安，恣意之所欲行。耳所欲闻者音声，而不得听之，谓之阏聪。目所欲见者美色，而不得见之，谓之阏明。鼻所欲向者椒兰，而不得嗅之，谓之阏颤。口所欲道者是非，而不得言之，谓之阏智。体所欲安者美厚，而不得从之，谓之阏适。意所欲为者放逸，而不得行之，谓之阏往。凡是诸阏，废虐之主。去废虐之主，则熙熙然以俟死，一日、一月、一年、十年，吾所谓养也（即养生）。拘于废虐之主，缘而不舍，戚戚然以久生，虽至百年、千年、万年，非吾所谓养也。"又设为事例以明之曰："子产相郑，其兄公孙朝好酒，弟公孙穆好色。方朝之纵于酒也，不知世道之安危，人理之悔吝，室内之有亡，亲族之亲疏，存亡之哀乐，水火兵刃，虽交于前而不知。方穆之耽于色也，屏亲昵，绝交游。子产戒之。朝、穆二人对曰：凡生难遇而死易及，以难遇之生，俟易及之死，孰当念哉？而欲尊礼义以夸人，矫情性以招名，吾以此为不若死。而欲尽一生之欢，穷当年之乐，惟患腹溢而口不得恣饮，力惫而不得肆情于色，岂暇忧名声之丑、性命之危哉！"清谈家中，如阮籍、刘伶、毕卓之纵酒，王澄、谢鲲等之以任放为达，不以醉裸为非，皆由此等理想而演绎之者也。

排圣哲《杨朱》篇曰："天下之美，归之舜禹周孔。天下之恶，归之桀纣。然而舜者，天民之穷毒者也。禹者，天民之忧苦者也。周公者，天民之危惧者也。孔子者，天民之遑遽者也。凡彼四圣，生无一日之欢，死有万世之名，名固非实之所取也；虽称之而不知，虽赏之而不知，与株块奚以异？桀者，天民之逸荡者也。纣者，天民之放纵者也。之二凶者，生有从欲之欢，死有愚暴之名，实固非名之所与也；虽毁之而不知，虽称之而不知，与株块奚以异？"此等思想，盖为汉魏晋间篡弑之历史所激而成者。如庄子感于田横之盗齐，而言圣人之言仁义适为大盗积者也。嵇康自言尝非汤武而薄周孔，亦其义也。此等问题，苟以社会之大，历史之久，比较而探究之，自有其解决之道，如孟子、庄子是也。而清谈家则仅以一人及人之一生为范围，于是求其说而不可得，则不得不委之于命，由怀疑而武断，促进其厌世之思想，唯从欲以自放而已矣。

旧道德之放弃《杨朱》篇曰："忠不足以安君，而适足以危身。义不足以利物，而适足以害生。安上不由忠而忠名灭，利物不由义而义名绝，君臣皆安物而不兼利，古之道也。"此等思想，亦迫于正士不见容而发，然亦由怀疑而武断，而出于放弃一切旧道德之一途。阮籍曰："礼岂为我辈设！"即此义也。曹操之枉奏孔融也，曰："融与白衣祢衡，跌荡放言，云：父之于子，当有何亲？论其本意，实为情欲发耳。子之于母，亦复奚为？譬如寄物瓶中，出则离矣。"此等语，相传为路粹所虚构，然使路粹不生于是时，则亦不能忽有此意识。又如谢安曰："子弟亦何预人事，而欲使其佳。"谢玄云："如芝兰不树，欲其生于庭阶耳。"此亦足以窥当时思想界之一斑也。

不为恶 彼等无在而不用其消极主义，故放弃道德，不为善也，而亦不肯为恶。范滂之罹祸也，语其子曰："我欲令汝为恶，则恶不可为，复令汝为美，则我不为恶。"盖此等消极思想，已萌芽于汉季之清流矣。《杨朱》篇曰："生民之不得休息者，四事之故：一曰寿，二曰名，三曰位，四曰货。为是四者，畏鬼，畏人，畏威，畏形，此之谓遁人。可杀可活，制命者在外，不逆命，何羡寿。不矜贵，何羡名。不要势，何羡位。不贪富，何羡货。此之谓顺民。"又曰："不见田父乎，晨出夜入，自以性之恒，啜菽茹藿，自以味之极，肌肉粗厚，筋节蜷急，一朝处以柔毛纩幕，荐以粱肉兰桔，则心痛体烦，而内热生病。使商鲁之君，处田父之地，亦不盈一时而愈，故野人之安，野人之美也，天下莫过焉。"彼等由有命论、无为论而演绎之，则为安分知足之观念。故所谓从欲焉者，初非纵欲而为非也。

排自杀 厌世家易发自杀之意识，而彼等持无为论，则亦反对自杀。《杨朱》篇曰："孟孙阳曰：若是，则速亡愈于久生。践锋刃，入汤火，则得志矣。杨子曰：不然，生则废而任之，究其所欲，以放于尽，无不废焉，无不任焉，何遽欲迟速于其间耶？"

（佛教本禁自杀，清谈家殆亦受其影响）

不侵人之维我论 凡利己主义，不免损人，而彼等所持，则利己而并不侵人，为纯粹之无为论。故曰：古之人损一毫以利天下，不与也。悉天下以奉一人，不取也。人人不损一毫，人人不利天下，则天下自治。

反对派之意见 方清谈之盛行，亦有一二反对之者。如晋武帝时，傅玄上疏曰："先王之御天下也，教化隆于上，清议行于下，近者魏武好法术，天下贵刑名。魏文慕通达，天下贱守节。其后纲维不摄，放诞盈朝，遂使天下无复清议。"惠帝时，裴頠作《崇有论》曰："利欲虽当节制，而不可绝去，人事须当节，而不可全无。今也，谈者恐有形之累，盛称虚无之美，终薄综世之务，贱内利之用，悖吉凶之礼，忽容止之表，渎长幼之序，混贵贱之级，无所不至。夫万物之性，以有为引，心者非事，而制事必由心，不可谓心为无也。匠者非器，而制器必须匠，不可谓非有匠也。"由是观之，济有者皆有也，人类既有，虚无何益哉。其言非不切著，而限于常识，不足以动清谈家思想之基础，故未能有济也。

结论 清谈家之思想，至为浅薄无聊，必非有合群性之人类所能耐，故未久而熸。其于儒家伦理学说之根据，初未能有所震撼也。

第七章　韩愈

方清谈之盛，南方学者，如王勃之流，尝援老庄以说经。而北方学者，如徐遵明、李铉辈，皆笃守汉儒诂训章句之学，至隋唐而未沫。齐陈以降，南方学者，倦于清谈，则竞趋于文苑，要之皆无关于学理者也。隋之时，龙门王通，始以绍述北方之思想自任，尝仿孔子作《王氏六经》，皆不传，传者有《中论》，其弟子所辑，以当孔氏之《论语》者也。其言皆夸大无精义，其根本思想，曰执中。其调和异教之见解，曰三教一致。然皆标举题目，而未有特别之说明也。唐中叶以后，南阳韩愈，慨六朝以来之文章，体格之卑靡，内容之浅薄，欲导源于群经诸子以革新之。于是始从事于学理之探究，而为宋代理学之先驱焉。

小传　韩愈，字退之，南阳人。年八岁，始读书。及长，尽通六经百家之学。贞元八年，擢进士第，历官至吏部侍郎，其间屡以直谏被贬黜。宪宗时，上迎佛骨表，其最著者也。穆宗时卒，谥曰文。

儒教论　愈之意，儒教者，因人类普通之性质，而自然发展，于伦理之法则，已无间然，决不容舍是而他求者也。故曰："夫先王之教何也？博爱之谓仁，行而宜之之谓义，由是而之焉之谓道，足乎己无待于外之谓德。""其文诗书易春秋，其法礼乐刑政，其民士农工商，其位君臣父子师友宾主昆弟夫妇，其服麻丝，其居宫室，其食粟米蔬果鱼肉，其道也易明，其教也易行。是故以之为己则顺而祥，以之为人则爱而公，以之为心则和而平，以之为天下国家，则处之而无不当。是故生得其情，死尽其常，郊而天神假，庙而人鬼享。"其叙述可谓简而能赅，然第即迹象而言，初无关乎学理也。

排老庄 愈既以儒家为正宗，则不得不排老庄。其所以排之者曰："今其言曰，圣人不死，大盗不止。剖斗折衡，而民不争。呜呼！其亦不思而已矣。使古无圣人，则人类灭久矣。何则？无羽毛鳞甲以居寒热也。"又曰："今其言曰：曷不为太古之无事，是责冬之裘者，曰曷不易之以葛；责饥之食者，曰曷不易之以饮也。"又曰："老子之小仁义也，其所见者小也。彼以煦煦为仁，孑孑为义，其小之也固宜。"又曰："凡吾所谓道德，合仁与义而言之也，天下之公言也。老子之所谓道德，去仁与义而言之也，一人之私言也。"皆对于南方思想之消极一方面，而以常识攻击之；至其根本思想，及积极一方面，则未遑及也。

排佛教 王通之论佛也，曰：佛者，圣人也。其教，西方之教也。在中国则泥，轩车不可以通于越，冠冕不可以之胡，言其与中国之历史风土不相容也。韩愈之所以排佛者，亦同此义，而附加以轻侮之意。曰："今其法曰，必弃而君臣，去而父子，禁而相生相养之道，以求所谓清净寂灭。呜呼！其亦幸而于三代之后，不见黜于禹汤文武周公孔子也。"盖愈之所排，佛教之形式而已。

性 愈之立说稍合于学理之范围者，性论也。其言曰："性有三品，上者善而已，中者可导而上下者也，下者恶而已。孟子之言性也，曰：人之性善。荀子之言性也，曰：人之性恶。杨子之言性也，人之性善恶混。夫始也善而进于恶，始也恶而进于善，始也善恶混，而今也为善恶，皆举其中而遗其上下，得其一而失其二者也。"又曰："所以为性者五：曰仁，曰礼，曰信，曰义，曰智。上者主一而行四，中者少有其一而亦少反之，其于四也混，下者反一而悖四。"其说亦以孔子性相近及上下不移之言为本，与董仲舒同。而所以规定之者，较为明晰。至其以五常为人性之要素，而为三品之性，定所含要素之分量，则并无证据，臆说而已。

情 愈以性与情有先天、后天之别，故曰："性者，与生俱生者也。情者，接物而生者也。"又以情亦有三品，随性而为上中下。曰："所以为情者七：曰喜，曰怒，曰哀，曰惧，曰爱，曰恶，曰欲。上者，七情动而处其中。中者有所甚，有所亡，虽然，求合其中者也。下者，亡且甚，直情而行者也。"如其言，则性情殆有体用之关系。故其品相因而为上下，然愈固未能明言其所由也。

结论 韩愈，文人也，非学者也。其作《原道》也，曰："尧以是传之舜，舜以是传之禹，禹以是传之汤，汤以是传之文武周公，文武周公传之孔子，孔子传之孟轲，轲之死不得其传也。"隐然以传者自任。然其立说，多敷衍门面，而绝无精深之义。其功之不可没者，在尊孟子以继孔子，而标举性情道德仁义之名，揭排斥老佛之帜，使世人知是等问题，皆有特别研究之价值，而所谓经学者，非徒诵习经训之谓焉。

第八章　李翱

小传　李翱，字习之，韩愈之弟子也。贞元十四年，登进士第，历官至山南节度使，会昌中，殁于其地。

学说之大要　翱尝作《复性书》三篇，其大旨谓性善情恶，而情者性之动也。故贤者当绝情而复性。

性　翱之言性也，曰："性者，所以使人为圣人者也。寂然不动，广大清明，照感天地，遂通天地之故。行止语默，无不处其极，其动也中节。"又曰："诚者，圣人性之。"又曰："清明之性，鉴于天地，非由外来也。"其义皆本于中庸，故欧阳修尝谓始读《复性书》，以为《中庸》之义疏而已。

性情之关系　虽然，翱更进而论吾人心意中性情二者之并存及冲突。曰："人之所以为圣人者，性也。人之所以惑其性者，情也。喜怒哀惧爱恶欲，七者，皆情之为也。情昏则性迁，非性之过也。水之浑也，其流不清。火之烟也，其光不明。然则性本无恶，因情而后有恶。情者，常蔽性而使之钝其作用者也。"与《淮南子》所谓"久生而静，天之性；感而后动，性之害"相类。翱于是进而说复性之法曰："不虑不思，则情不生，情不生乃为正思。"又曰："圣人，人之先觉也。觉则明，不然则惑，惑则昏，故当觉。"则不特远取庄子外物而朝彻，实乃近袭佛教之去无明而归真如也。

情之起源　性由天禀，而情何自起哉？翱以为情者性之附属物也。曰："无性则情不生，情者，由性而生者也。情不自情，因性而为情；性不自性，因情以明性。"

至静　翱之言曰："圣人岂无情哉？情有善有不善。"又曰："不虑不思，则情不生。虽然，不可失之于静，静则必有动，动则必有静，有动静而不息，乃为情。当静之时，知心之无所思者，是斋戒其心也，知本与无思，动静皆离，寂然不动，是至静也。"彼盖以本体为性，以性之发动一方面为情，故性者，超绝相对之动静，而为至静，亦即超绝相对之善恶，而为至善。及其发动而为情，则有相对之动静，而即有相对之善恶。故人当斋戒其心，以复归于至静至善之境，是为复性。

结论　翱之说，取径于中庸，参考庄子，而归宿于佛教。既非创见，而持论亦稍暧昧。然翱承韩愈后，扫门面之谈，从诸种教义中，绌绎其根本思想，而著为一贯之论，不可谓非学说进步之一征也。

第二期结论

自汉至唐，于伦理学界，卓然成一家言者，寥寥可数。独尊儒术者，汉有董仲舒，唐有韩愈。吸收异说者，汉有淮南、扬雄，唐有李翱，其价值大略相等。大抵汉之学者，为先秦诸子之余波。唐之学者，为有宋理学之椎轮而已。魏晋之间，佛说输入，本有激冲思想界之势力，徒以其出世之见，与吾族之历史极不相容。而当时颖达之士，如清谈家，又徒取其消极之义，而不能为其积极一方面之助力。是以佛氏教义之入吾国也，于哲学界增一种研究之材料；于社会间增一穷而无告者之籧庐；于平民心理增一来世应报之观念；于审察仪式中窜入礼讖布施之条目。其势力虽不可消灭，而要之吾人家族及各种社会之组织，初不因是而摇动也。

# 第三期　宋明理学时代

第一章　总说

有宋理学之起源　魏晋以降，苦于汉儒经学之拘腐，而遁为清谈。齐梁以降，歝于清谈之简单，而缛为诗文。唐中叶以后，又屦于体格靡丽内容浅薄之诗文，又趋于质实，则不得不反而求诸经训。虽然，其时学者，既已濡染于佛老二家闳大幽渺之教义，势不能复局于诂训章句之范围，而必于儒家言中，辟一闳大幽渺之境，始有以自展，而且可以与佛老相抗。此所以竞趋于心性之理论，而理学由是盛焉。

朱陆之异同　宋之理学，创始于邵、周、张诸子，而确立于二程。二程以后，学者又各以性之所近，递相传演，而至朱、陆二子，遂截然分派。朱子偏于道问学，尚墨守古义，近于荀子。陆子偏于尊德性，尚自由思想，近于孟子。朱学平实，能使社会中各种阶级修私德，安名分，故当其及身，虽尝受攻讦，而自明以后，顿为政治家所提倡，其势力或弥漫全国。然承学者之思想，卒不敢溢于其范围之外。陆学则至明之王阳明而益光大焉。

动机论之成立　朱陆两派，虽有尊德性、道问学之差别，而其所研究之对象，则皆为动机论。董仲舒之言曰："正其义不谋其利，明其道不计其功。"张南轩之言曰："学者潜心孔孟，必求其门而入，以为莫先于明义利之辨，盖圣贤，无所为而然也。有所为而然者，皆人欲之私，而非天理之所存，此义利之分也。自未知省察者言之，终日之间，鲜不为利矣，非特名位货殖而后为利也。意之所向，一涉于有所为，虽有浅深之不同，而其为徇己自私，则一而已矣。"此皆极端之动机论，而朱、陆两派所公认者也。

功利论之别出 孔孟之言，本折中于动机、功利之间，而极端动机论之流弊，势不免于自杀其竞争生存之力。故儒者或激于时局之颠危，则亦恒溢出而为功利论。吕东莱、陈龙川、叶水心之属，愤宋之积弱，则叹理学之繁琐，而昌言经制。颜习斋痛明之俄亡，则并诋朱、陆两派之空疏，而与其徒李恕谷、王昆绳辈研究礼乐兵农，是皆儒家之功利论也。唯其人皆亟于应用，而略于学理，故是编未及详叙焉。

儒教之凝成 自汉武帝以后，儒教虽具有国教之仪式及性质，而与社会心理尚无致密之关系（观晋以后，普通人佞佛求仙之风，如是其盛，苟其先已有普及之儒教，则其时人心之对于佛教，必将如今人之对于基督教矣）。其普通人之行习，所以能不大违于儒教者，历史之遗传，法令之约束为之耳。及宋而理学之儒辈出，讲学授徒，几遍中国。其人率本其所服膺之动机论，而演绎之于日用常行之私德，又卒能克苦躬行，以为规范，得社会之信用。其后，政府又专以经义贡士，而尤注意于朱注之《大学》《中庸》《论语》《孟子》四书。于是稍稍聪颖之士，皆自幼寝馈于是。达而在上，则益增其说于法令之中；穷而在下，则长书院，设私塾，掌学校教育之权。或为文士，编述小说剧本，行社会教育之事。遂使十室之邑，三家之村，其子弟苟有从师读书者，则无不以四书为读本。而其间一知半解互相传述之语，虽不识字者，亦皆耳熟而详之。虽间有苛细拘苦之事，非普通人所能耐，然清议既成，则非至顽悍者，不敢显与之悖，或阴违之而阳从之，或不能以之律己，而亦能以之绳人，盖自是始确立为普及之宗教焉。斯则宋明理学之功也。

思想之限制 宋儒理学，虽无不旁采佛老，而终能立凝成儒教之功者，以其真能以信从教主之仪式对于孔子也。彼等于孔门诸子，以至孟子，皆不能无微词，而于孔子之言，则不特不敢稍违，而亦不敢稍加以拟议，如有子所谓夫子有为而言之者。又其所是非，则一以孔子之言为准。故其互相排斥也，初未尝持名学之例以相绳，曰：如是则不可通也，如是则自相矛盾也。唯以宗教之律相绳，曰：如是则与孔子之说相背也，如是则近禅也。其笃信也如此，故其思想皆有制限。其理论界，则以性善、性恶之界而止。至于善恶之界说若标准，则皆若无庸置喙，故往往以无善无恶与善为同一，而初不自觉其抵牾。其于实践方面，则以为家族及各种社会之组织，自昔已然，唯其间互相交际之道，如何而能无背于孔子。是为研究之对象，初未尝有稍萌改革之思想者也。

第二章 王荆公

宋代学者，以邵康节为首，同时有司马温公及王荆公，皆以政治家著，又以特别之学风，立于思想系统之外者也。温公仿扬雄之《太玄》作《潜虚》，以数理解释宇宙，无关于伦理学，故略之。荆公之性论，则持平之见，足为前代诸性论之结局。特叙于下：

小传 王荆公，名安石，字介甫，荆公者，其封号也。临川人。神宗时被擢为参知政事，厉行新法。当时正人多反对之者，遂起党狱，为世诟病。元丰元年，以左仆射观文殿大学士卒，年六十八。其所著有新经义学说及诗文集等。今节叙其性论及礼论之大要于下：

性情之均一 自来学者，多判性情为二事，而于情之所自出，恒苦无说以处之。荆公曰："性情一也。世之论者曰性善情恶，是徒识性情之名，而不知性情之实者也。喜怒哀乐好恶欲，未发于外而存于心者，性也；发于外而见于行者，情也。性者情之本，情者性之用，故吾曰性情一也。"彼盖以性情者，不过本体方面与动作方面之别称，而并非二事。性纯则情亦纯，情固未可灭也。何则？无情则直无动作，非吾人生存之状态也。故曰："君子之所以为君子者，无非情也。小人之所以为小人者，无非情也。"

善恶 性情皆纯，则何以有君子小人及善恶之别乎？无他，善恶之名，非可以加之性情，待性情发动之效果，见于行为，评量其合理与否，而后得加以善恶之名焉。故曰："喜怒哀乐爱恶欲，七者，人生而有之，接于物而后动。动而当理者，圣也，贤也；不当于理者，小人也。"彼徒见情发于外，为外物所累，而遂入于恶也。因曰："情恶也，害性者情也。是曾不察情之发于外，为外物所感，而亦尝入于善乎？"如其说，则性情非可以善恶论，而善恶之标准，则在理。其所谓理，在应时处位之关系，而无不适当云尔。

情非恶之证明 彼又引圣人之事，以证情之非恶。曰："舜之圣也，象喜亦喜，使可喜而不喜，岂足以为舜哉？文王之圣也，王赫斯怒，使可怒而不怒，岂足以为文王哉？举二者以明之，其余可知。使无情，虽曰性善，何以自明哉？诚如今论者之说，以无情为善，是木石也。性情者，犹弓矢之相待而为用，若夫善恶，则犹之中与不中也。"

礼论 荀子道性恶，故以礼为矫性之具。荆公言性情无善恶，而其发于行为也，可以善，可以恶，故以礼为导人于善之具。其言曰："夫木斫之而为器，马服之而为驾，非生而能然也，劫之于外而服之以力者也。然圣人不舍木而为器，不舍马而为驾，固因其天资之材也。今人生而有严父爱母之心，圣人因人之欲而为之制；故其制，虽有以强人，而乃顺其性之所欲也。圣人苟不为之礼，则天下盖有慢父而疾母者，是亦可谓无失其性者也。夫狙猿之形，非不若人也，绳之以尊卑，而节之以揖让，彼将趋深山大麓而走耳。虽畏之以威而驯之以化，其可服也，乃以为天性无是而化于伪也。然则狙猿亦可为礼耶？"故曰："礼者，始于天而成于人，天无是而人欲为之，吾盖未之见也。"

结论 荆公以政治文章著，非纯粹之思想家，然其言性情非可以善恶名，而别求善恶之标准于外，实为汉唐诸儒所未见及，可为有卓识者矣。

第三章　邵康节

小传　邵康节，名雍，字尧夫，河南人。尝师北海李之才，受河图先天象数之学，妙契神悟，自得者多。屡被举，不之官。熙宁十年卒，年六十七。元祐中，赐谥康节。著有《观物篇》《渔樵问答》《伊川击壤集》《先天图》《皇极经世书》等。

宇宙论　康节之宇宙论，仿《易》及《太玄》，以数为基本，循世界时间之阅历，而论其循环之法则，以及于万物之化生。其有关伦理学说者，论人类发生之源者是也。其略如下：

动静二力　动静二力者，发生宇宙现象，而且有以调摄之者也。动者为阴阳，静者为刚柔。阴阳为天，刚柔为地。天有寒暑昼夜，感于事物之性情状态。地有雨风露雪，应于事物之走飞草木。性情形体，与走飞草木相合，而为动植之感应，万物由是生焉。性情形态之走飞草木，应于声色气味；走飞草木之性情形态，应于耳目口鼻。物者有色声气味而已，人者有耳目口鼻，故人者，总摄万物而得其灵者也。

物人凡圣之别　康节言万物化成之理如是，于是进而论人、物之别，及凡人与圣人之别。曰："人所以为万物之灵者，耳目口鼻，能收万物之声色气味。声色气味，万物之体也。耳目鼻口，万人之用也。体无定用，惟变是用。用无定体，惟化是体，用之交也。人物之道，于是备矣。然人亦物也，圣亦人也。有一物之物，有十物之物，有百物之物，有千物、万物、亿物、兆物之物，生一物之物而当兆物之物者，非人耶？有一人之人，有十人之人，有百人之人，有千人、万人、亿人、兆人之人，生一人之人而当兆人之人者，非圣耶？是以知人者物之至，圣人者，人之至也。人之至者，谓其能以一心观万心，以一身观万身，以一世观万世，能以心代天意，口代天言，手代天工，身代天事。是以能上识天时，下尽地理，中尽物情而通照人事，能弥纶天地，出入造化，进退古今，表里人物者也。"如其说，则圣人者，包含万有，无物我之别，解脱差别界之观念，而入于万物一体之平等界者也。

学 然则人何由而能为圣人乎？曰：学。康节之言学也，曰："学不际天人，不可以谓之学。"又曰："学不至于乐，不可以谓之学。"彼以学之极致，在四经，《易》《书》《诗》《春秋》是也。曰："昊天之尽物，圣人之尽民，皆有四府。昊天之四府，春、夏、秋、冬之谓也，升降于阴阳之间。圣人之四府，《易》《书》《诗》《春秋》之谓也，升降于礼乐之间。意言象数者，《易》之理。仁义礼智者，《书》之言。性情形体者，《诗》之根。圣贤才术者，《春秋》之事。谓之心，谓之用。《易》由皇帝王伯，《书》应虞夏殷周，《诗》关文武周公，《春秋》系秦晋齐楚。谓之体，谓之迹。心迹体用四者相合，而得为圣人。其中同中有异，异中有同，异同相乘，而得万世之法则。"

慎独 康节之意，非徒以讲习为学也。故曰："君子之学，以润身为本，其治人应物，皆余事也。"又曰："凡人之善恶，形于言，发于行，人始得而知之。但萌诸心，发诸虑，鬼神得而知之。是君子所以慎独也。"又曰："人之神，即天地之神，人之自欺，即所以欺天地，可不慎与？"又言慎独之效曰："能从天理而动者，造化在我，其对于他物也，我不被物而能物物。"又曰："任我者情，情则蔽，蔽则昏。因物者性，性则神，神则明。潜天潜地，行而无不至，而不为阴阳所摄者，神也。"

神 彼所谓神者何耶？即复归于性之状态也。故曰："神无方而性则质也。"又曰："神无所不在，至人与他心通者，其本一也。道与一，神之强名也。"以神为神者，至言也。然则彼所谓神，即老子之所谓道也。

性情 康节以复性为主义，故以情为性之反动者。曰："月者日之影，情者性之影也。心为性而胆为情，性为神而情为鬼也。"

结论 康节之宇宙论，以一人为小宇宙，本于汉儒。一切以象数说之，虽不免有拘墟之失，而其言由物而人，由人而圣人，颇合于进化之理。其以神为无差别界之代表，而以慎独而复性，为由差别界而达无差别之作用。则其语虽一本儒家，而其意旨则皆庄佛之心传也。

第四章　周濂溪

小传　周濂溪，名敦颐，字茂叔，道州营道人。景祐三年，始官洪州分宁县主簿，历官至知南康郡，因家于庐山莲花峰下，以营道故居濂溪名之。熙宁六年卒，年五十七。黄庭坚评其人品，如光风霁月。晚年，闲居乐道，不除窗前之草，曰：与自家生意一般。二程师事之，濂溪常使寻孔颜之乐何在。所著有《太极图》《太极图说》《通书》等。

太极论　濂溪之言伦理也，本于性论，而实与其宇宙论合，故述濂溪之学，自太极论始。其言曰："无极而太极，太极动而生阳，动极而静，静而生阴，静极复动，一动一静，互为其根，分阴分阳，两仪立焉。五行一阴阳也，阴阳一太极也，太极本无极也。五行之生也，各一其性。无极之真，二五之精，妙合而凝，乾道成男，坤道成女。二气交感，化合万物，万物生之而变化无穷。人得其秀而最灵，生而发神知，五性感动，而善恶分。圣人定之以中正仁义，主静而立其极。'圣人与天地合其德，与日月合其明，与四时合其序，与鬼神合其吉凶。'君子修之吉，小人悖之凶。故曰：立天之道，曰阴与阳，立地之道，曰柔与刚，立人之道，曰仁与义。"又曰："原始要终，故知死生之说，大哉，易其至矣乎。"其大旨以人类之起源，不外乎太极，而圣人则以人而合德于太极者也。

性与诚 濂溪以性为诚，本于中庸。唯其所谓诚，专自静止一方面考察之。故曰："诚者，圣人之本。'大哉乾元，万物资始'，诚之原也。'乾道变化，各正性命'，诚既立矣，纯粹至善。故曰：一阴一阳之谓道，继之者善也，成之者性也。元亨者诚之通，利贞者诚之复，大哉易！其性命之源乎？"又曰："诚者，五常之本，百行之原也，静无而动有，至正而明达者也。五常百行，非诚则为邪暗塞。故诚则无事，至易而行难。"由是观之，性之本质为诚，超越善恶，与太极同体者也。

善恶 然则善恶何由起耶？曰：起于几。故曰："诚无为，几善恶，爱曰仁，宜曰义，理曰礼，通曰智，守曰信。性而安之之谓圣，执之之谓贤，发微而不可见，充周而不可穷之谓神。"

几与神 濂溪以行为最初极微之动机为几，而以诚、几之间自然中节之作用为神。故曰："寂然不动者诚也，感而遂动者神也，动而未形于有无之间者几也。诚精故明，神应故妙，几微故幽，诚神几谓之圣人。"

仁义中正 唯圣故神，苟非圣人，则不可不注意于动机，而一以圣人之道为准。故曰："动而正曰道，用而和曰德，匪仁匪义匪礼匪智匪信，悉邪也。邪者动之辱也，故君子慎动。"又曰："圣人之道，仁义中正而已。守之则贵，行之则利。廓之而配乎天地，岂不易简哉？岂为难知哉？不守不行不廓而已。"

修为之法 吾人所以慎动而循仁义中正之道者，当如何耶？濂溪立积极之法，曰思，曰洪范。曰："思曰睿，睿作圣，几动于此，而诚动于彼，思而无不通者，圣人也。非思不能通微，非睿不能无不通。故思者，圣功之本，吉凶之几也。"又立消极之法，曰无欲。曰："无欲则静虚而动直，静灵则明，明则通。动直则公，公则溥。明通公溥，庶矣哉！"

结论 濂溪由宇宙论而演绎以为伦理说，与康节同。唯康节说之以数，而濂溪则说之以理。说以数者，非动其基础，不能加以补正。说以理者，得截其一、二部分而更变之。是以康节之学，后人以象数派外视之；而濂溪之学，遂孳生思想界种种问题也。濂溪之伦理说，大端本诸中庸，以几为善恶所由分，是其创见。而以人物之别，为在得气之精粗，则后儒所祖述者也。

第五章　张横渠

小传　张横渠名载，字子厚。世居大梁，父卒于官，因家于凤翔郿县之横渠镇。少喜谈兵，范仲淹授以《中庸》，乃翻然志道，求诸释老，无所得，乃反求诸六经。及见二程，语道学之要，乃悉弃异学。嘉祐中，举进士，官至知太常礼院。熙宁十年卒，年五十八。所著有《正蒙》《经学理窟》《易说》《语录》《西铭》《东铭》等。

太虚　横渠尝求道于佛老，而于老子由无生有之说，佛氏以山河大地为见病之说，俱不之信。以为宇宙之本体为太虚，无始无终者也。其所含最凝散之二动力，是为阴阳，由阴阳而发生种种现象。现象虽无一雷同，而其发生之源则一。故曰："两不立则一不可见，一不可见则两之用息，虚实也，动静也，聚散也，清浊也，其容一也。"又曰："造化之所成，无一物相肖者。"横渠由是而立理一分殊之观念。

理一分殊　横渠既于宇宙论立理一分殊之观念，则应用之于伦理学。其《西铭》之言曰："乾称父，坤称母，予兹藐焉；乃浑然中处，天地之塞吾其体，天地之帅吾其性，民吾同胞，物吾与也。大君者，我之宗子，大臣者，宗子之家相。尊高年，所以长其长。慈孤弱，所以幼其幼。圣其合德，贤其秀也。凡天下之病癃残疾惸独鳏寡，皆吾兄弟之颠连而无告者也。"

天地之性与气质之性 天地之塞吾其体，亦即万人之体也。天地之帅吾其性，亦即万人之性也。然而人类有贤愚善恶之别，何故？横渠于是分性为二，谓为天地之性与气质之性，曰："形而后有性质之性，能反之，则天地之性存，故气质之性，君子不性焉。"其意谓天地之性，万人所同，如太虚然，理一也。气质之性，则起于成形以后，如太虚之有气，气有阴阳，有清浊。故气质之性，有贤愚善恶之不同，所谓分殊也。虽然，阴阳者，虽若相反而实相成，故太虚演为阴阳，而阴阳得复归于太虚。至于气之清浊，人之贤愚善恶，则相反矣。比而论之，颇不合于论理。

心性之别 从前学者，多并心性为一谈，横渠则别而言之。曰："物与知觉合，有心之名。"又曰："心者统性情者也。"盖以心为吾人精神界全体之统名，而性则自心之本体言之也。

虚心 横渠以心为统性与知，而以知附属于气质之性，故其修为之的，不在屑屑求知，而在反于天地之性，是谓合心于太虚。故曰："太虚者，心之实也。"又曰："不可以闻见为心，若以闻见为心，天下之物，不可一一闻见，是小其心也，但当合心于太虚而已。心虚则公平，公平则是非较然可见，当为不当为之事，自可知也。"

变化气质 横渠既以合心于太虚为修为之极功，而又以人心不能合于太虚之故，实为气质之性所累，故立变化气质之说。曰："气质恶者，学即能移，今之人多使气。"又曰："学至成性，则气无由胜。"又曰："为学之大益，在自能变化气质。不尔，则卒无所发明，不得见圣人之奥，故学者先当变化气质。"变化气质，与虚心相表里。

礼 横渠持理一分殊之理论，故重秩序。又于天地之性以外，别揭气质之性，已兼取荀子之性恶论，故重礼。其言曰："生有先后，所以为天序。小大高下相形，是为天秩。天之生物也有序，物之成形也有秩。知序然故经正，知秩然故礼行。"彼既持此理论，而又能行以提倡之，治家接物，大要正己以感人。其教门下，先就其易，主日常动作，必合于礼。程明道尝评之曰："横渠教人以礼，固激于时势，虽然，只管正容谨节，宛然如吃木札，使人久而生嫌厌之情。"此足以观其守礼之笃矣。

结论 横渠之宇宙论，可谓持之有理。而其由阴阳而演为清浊，又由清浊而演为贤愚善恶，遂不免违于论理。其言理一分殊，言天地之性与气质之性，皆为创见。然其致力之处，偏重分殊，遂不免横据阶级之见。至谓学者舍礼义而无所猷为，与下民一致，又偏重气质之性。至谓天质善者，不足为功，勤于矫恶矫情，方为功，皆与其"民吾同胞"及"人皆有天地之性"之说不能无矛盾也。

第六章　程明道

小传　程明道名颢，字伯淳，河南人。十五岁，偕其弟伊川就学于周濂溪，由是慨然弃科举之业，有求道之志。逾冠，被调为鄠县主簿。晚年，监汝州酒税。以元丰八年卒，年五十四。其为人克实有道，和粹之气，盎于面背，门人交友，从之数十年，未尝见其忿厉之容。方王荆公执政时，明道方官监察御史里行，与议事，荆公厉色待之。明道徐曰："天下事非一家之私议，愿平气以听。"荆公亦为之愧屈。于其卒也，文彦博采众议表其墓曰：明道先生。其学说见于门弟子所辑之语录。

性善论之原理　邵、周、张诸子，皆致力于宇宙论与伦理说之关系，至程子而始专致力于伦理学说。其言性也，本孟子之性善说，而引易象之文以为原理。曰："生生之谓易，是天之所以为道也。"天只是以生为道，继此生理者只是善，便有一元的意思。元者善之长，万物皆有春意，便是。继之者善也，成之者性也，成却待万物自成其性须得。又曰："一阴一阳之谓道。"自然之道也，有道则有用。元者善之长也，成之者，却只是性，各正性命也。故曰："仁者见之谓之仁，智者见之谓之智。"又曰："生之谓性。"人生而静以上，不能说示，说之为性时，便已不是性。凡说人性，只是继之者善也。孟子云，人之性善是也。夫所谓继之者善，犹水之流而就下也。又曰："生之谓性，性即气，气即性，生之谓也。"其措语虽多不甚明了，然推其大意，则谓性之本体，殆本无善恶之可言。至即其动作之方面而言之，则不外乎生生，即人无不欲自生，而亦未尝有必不欲他人之生者，本无所谓不善，而与天地生之道相合，故谓继之者善也。

善恶 生之谓性，本无所谓不善，而世固有所谓恶者何故？明道曰，天下之善恶，皆天理，谓之恶者，本非恶，但或过或不及，便如此，如杨墨之类。其意谓善恶之所由名，仅指行为时之或过或不及而言，与王荆公之说相同。又曰："人生气禀以上，于理不能无善恶，虽然，性中元非两物相对而生。"又以水之清浊喻之曰："皆水也，有流至海而不浊者，有流未远而浊多者、或少者。清浊虽不同，而不能以浊者为非水。如此，则人不可不加以澄治之功。故用力敏勇者疾清，用力缓急者迟清。及其清，则只是原初之水也，非将清者来换却浊者，亦非将浊者取出，置之一隅。水之清如性之善。是故善恶者，非在性中两物相对而各自出来也。"此其措语，虽亦不甚明了，其所谓气禀，几与横渠所谓气质之性相类，然唯其本意，则仍以善恶为发而中节与不中节之形容词。盖人类虽同禀生生之气，而既具各别之形体，又处于各别之时地，则自爱其生之心，不免太过，而爱人之生之心，恒不免不及，如水流因所经之地而不免渐浊，是不能不谓之恶，而要不得谓人性中具有实体之恶也。故曰："性中元非有善恶两物相对而出也。"

仁 生生为善，即我之生与人之生无所歧视也。是即《论语》之所谓仁，所谓忠恕。故明道曰："学者先须识仁。仁者，浑然与物同体，义礼智信，皆仁也。"又曰："医家以手足痿痹为不仁，此言最善名状。仁者，以天地万物为一体，无非己也。手足不仁时，身体之气不贯，故博施济众，为圣人之功用，仁至难言。"又曰："若夫至仁，天地为一身，而天地之间，品物万形，为四肢百体，夫人岂有视四肢百体而不爱者哉？圣人仁之至也，独能体斯心而已。"

敬　然则体仁之道，将如何？曰敬。明道之所谓敬，非检束其身之谓，而涵养其心之谓也。故曰："只闻人说善言者，为敬其心也。故视而不见，听而不闻，主于一也。主于内，则外不失敬，便心虚故也。必有事焉不忘，不要施之重，便不好，敬其心，乃至不接视听，此学者之事也。始学岂可不自此去，至圣人则自从心所欲，不逾矩。"又曰："敬即便是礼，无己可克。"又曰："主一无适，敬以直内，便有浩然之气。"

忘内外　明道循当时学者措语之习惯，虽然常言人欲，言私心私意，而其本意则不过以恶为发而不中节之形容词，故其所注意者皆积极而非消极。尝曰："所谓定者，动亦定，静亦定，无将迎，无内外。苟以外物为外，牵己而从之，是以己之性为有内外也。且以己之性为随物于外，则当其在外时，何者为在中耶？有意于绝外诱者，不知性无内外也。"又曰："夫天地之常，以其心普万物而无心，圣人之常，以其情顺万事而无情。故君子之学，莫若廓然而大公，物来而顺应。苟规规于外诱之除，将见灭于东而生于西，非惟日之不足，顾其端无穷，不可得而除也。"又曰："与其非外而是内，不若内外之两忘，两忘则澄然无事矣。无事则定，定则明，明则尚何应物之为累哉？圣人之喜，以物之当喜；圣人之怒，以物之当怒。是圣人之喜怒，不系于心而系于物也，是则圣人岂不应于物哉？乌得以从外者为非，而更求在内者为是也。"

诚 明道既不以力除外诱为然，而所以涵养其心者，亦不以防检为事。尝述孟子勿助长之义，而以反身而诚互证之。曰："学者须先识仁。仁者，浑然与物同体，识得此理，以诚敬存之而已，不须防检，不须穷索。若心懈则有防，心苟不懈，何防之有？理有未得，故须穷索；存久自明，安待穷索？此道与物无对，大不足以明之。天地之用皆我之用。孟子言万物皆备于我，须反身而诚，乃为大乐。若反身未诚，则犹是二物有对，以己合彼，终未有之，又安得乐？必有事焉而勿正，心勿忘，勿助长，未尝致纤毫之力，此其存之之道。若存得便含有得，盖良知良能元不丧失，以昔日习心未除，故须存习此心，久则可夺旧习。"又曰："性与天道，非自得者不知，有安排布置者，皆非自得。"

结论 明道学说，其精义，始终一贯，自成系统，其大端本于孟子，而以其所心得补正而发挥之。其言善恶也，取中节不中节之义，与王荆公同。其言仁也，谓合于自然生生之理，而融自爱他爱为一义。其言修为也，唯主涵养心性，而不取防检穷索之法。可谓有乐道之趣，而无拘墟之见者矣。

第七章　程伊川

小传　程伊川，名颐，字正叔，明道之弟也。少明道一岁。年十七，尝伏阙上书，其后屡被举，不就。哲宗时，擢为崇政殿说书，以严正见惮，见劾而罢。徽宗时，被邪说诐行惑乱众听之谤，下河南府推究。逐学徒，隶党籍。大观元年卒，年七十五。其学说见于《易传》及语录。

伊川与明道之异同　伊川与明道，虽为兄弟，而明道温厚，伊川严正，其性质皎然不同，故其所持之主义，遂不能一致。虽其间互通之学说甚多，而揭其特具之见较之，则显为二派。如明道以性即气，而伊川则以性即理，又特严理气之辨。明道主忘内外，而伊川特重寡欲。明道重自得，而伊川尚穷理。盖明道者，粹然孟子学派；伊川者，虽亦依违孟学，而实荀子之学派也。其后由明道而递演之，则为象山、阳明；由伊川而递演之，则为晦庵。所谓学焉而各得其性之所近者也。

理气与性才之关系　伊川亦主孟子性中有善之说，而归其恶之源于才。故曰："性出于天，才出于气，气清则才清，气浊则才浊。才则有不善，性则无不善。"又曰："性无不善，而有不善者，才也。性即是理，理则自尧舜至于途人，一也。才禀于气，气有清浊。禀其清者为贤，禀其浊者为愚。"其大意与横渠言天地之性、气质之性相类，唯名号不同耳。

心 伊川以心与性为一致。故曰："在天为命，在义为理，在人为性，主于身为心。"其言性也，曰："性即理，所谓理性是也。天下之理，原无不善。喜怒哀乐之未发，何尝不善？发而中节，往往无不善；发而不中节，然后为不善。"是以性为喜怒哀乐未发之境也。其言心也，曰："冲漠无朕，万象森然已具，未应不是先，已应不是后，如百尺之木，自根本至枝叶，每一不贯。"或问以赤子之心为已发，是否？曰："已发而去道未远。"曰："大人不失赤子之心若何？"曰："取其纯一而近道。"曰："赤子之心，与圣人之心若何？"曰："圣人之心，如明镜止水。"是亦以喜怒哀乐未发之境为心之本体也。

养气寡欲 伊川以心性本无所谓不善，乃喜怒哀乐之发而不中节，始有不善。其所以发而不中节之故，则由其气禀之浊而多欲。故曰："孟子所以养气者，养之至则清明纯全，昏塞之患去。"或曰养心，或云养气，何耶？曰："养心者无害而已，养气者在有帅。"又言养气之道在寡欲，曰："致知在所养，养知莫过寡欲二字。"其所言养气，已与《孟子》同名而异实，及依违《大学》，则又易之以养知，是皆迁就古书文辞之故。至其本意，则不过谓寡欲则可以易气之浊者而为清，而渐达于明镜止水之境也。

敬与义 明道以敬为修为之法，伊川同之，而又本《易传》敬以直内、义以方外之语，于敬之外，尤注重集义。曰："敬只是持己之道，义便知有是有非。从理而行，是义也。若只守一个敬，而不知集义，却是都无事。且如欲为孝，不成只守一个孝字而已，须是知所以为孝之道，当如何奉侍，当如何温凊，然后能尽孝道。"

穷理 伊川所言集义，即谓实践伦理之经验，而假孟子之言以名之。其自为说者，名之曰穷理。而又条举三法：一曰读书，讲明义理；二曰论古今之物，分其是非；三曰应事物而处其当。又分智为二种，而排斥闻见之智，曰："闻见之智，非德性之智，物交物而知之，非内也，今之所谓博物多能者是也。德性之智，不借闻见。"其意盖以读书论古应事而资以清明德性者，为德性之智。其专门之考古学历史经济家，则斥为闻见之智也。

知与行 伊川又言须是识在行之先。譬如行路，须得先照。又谓勉强合道而行动者，决不能永续。人性本善，循理而行，顺也。是故烛理明则自然乐于循理而行动，是为知行合一说之权舆。

结论 伊川学说，盖注重于实践一方面。故于命理心性之属，仅以异名同实之义应付之。而于恶之所由来，曰才，曰气，曰欲，亦不复详为之分析。至于修为之法，则较前人为详，而为朱学所自出也。

第八章　程门大弟子

程门弟子　历事二程者为多,而各得其性之所近。其间特性最著,而特有影响于后学者,为谢上蔡、杨龟山二人。上蔡毗于尊德性,绍明道而启象山。龟山毗于道问学,述伊川而递传以至考亭者也。

上蔡小传　谢上蔡,名良佐,字显道,寿州上蔡人。初务记问,夸赅博。及事明道,明道曰:"贤所记何多,抑可谓玩物丧志耶?"上蔡赧然。明道曰:"是即恻隐之心也。"因劝以无徒学言语,而静坐修炼。上蔡以元丰元年登进士第,其后历官州郡。徽宗时,坐口语,废为庶民。著《论语说》,其语录三篇,则朱晦庵所辑也。

其学说　上蔡以仁为心之本体,曰:"心者何,仁而已。"又曰:"人心著,与天地一般,只为私意自小。任理因物而己无与焉者,天而已。"于是言致力之德,曰穷理,曰持敬。其言穷理也,曰:"物物皆有理,穷理则知天之所为,知天之所为,则与天为一,穷理之至,自然不勉而中,不思而得,从容中道。"词理必物物而穷之与?曰:"必穷其大者,理一而已,一处理穷,则触处皆是。恕其穷理之本与?"其言致敬也,曰:"近道莫若静,斋戒以神明其德,天下之至静也。"又曰:"敬者是常惺惺而法心斋。"

龟山小传 杨龟山，名时，字中立，南剑将乐人。熙宁元年，举进士，后历官州郡及侍讲。绍兴五年卒，年八十三。龟山初事明道，明道殁，事伊川，二程皆甚重之。尝读横渠《西铭》，而疑其近于兼爱，及闻伊川理一分殊之辨而豁然。其学说见于《龟山集》及其语录。

其学说 龟山言人生之准的在圣人，而其致力也，在致知格物。曰："学者以致知格物为先，知未至，虽欲择言而固执之，未必当于道也。鼎镬陷阱之不可蹈，人皆知之，而世人亦无敢蹈之者，知之审也。致身下流，天下之恶皆归之，与鼎镬陷阱何异？而或蹈之而不避者，未真知之也。若真知为不善，如蹈鼎镬陷阱，则谁为不善耶？"是其说近于经验论。然彼所谓经验者，乃在研求六经。故曰："六经者，圣人之微言，道之所存也。道之深奥，虽不可以言传，而欲求圣贤之所以为圣贤者，舍六经于何求之？学者当精思之，力行之，默会于意言之表，则庶几矣。"

结论 上蔡之言穷理，龟山之言格致，其意略同。而上蔡以恕为穷理之本，龟山以研究六经为格致之主，是显有主观、客观之别，是即二程之异点，而亦朱、陆学派之所由差别也。

第九章　朱晦庵

小传　龟山一传而为罗豫章，再传而为李延平，三传而为朱晦庵。伊川之学派，于是大成焉。晦庵名熹，字元晦，一字仲晦，晦庵其自号也。其先徽州婺源人，父松，为尤溪尉，寓溪南，生熹。晚迁建阳之考亭。年十八，登进士，其后历主簿提举及提点刑狱等官，及历奉外祠。虽屡以伪学被劾，而进习不辍。庆元六年卒，年七十一。高宗谥之曰文。理宗之世，追封信国公。门人黄幹状其行曰："其色庄，其言厉，其行舒而恭，其坐端而直。其闲居也，未明而起，深衣幅巾方履，拜家庙以及先圣。退而坐书室，案必正，书籍器用必整。其饮食也，羹食行列有定位，匙箸举措有定所。倦而休也，瞑目端坐。休而起也，整步徐行。中夜而寝，寤则拥衾而坐，或至达旦。威仪容止之则，自少至老，祁寒盛暑，造次颠沛，未尝须臾离也。"著书甚多，如大学、中庸章句或问，《论语集注》《孟子集注》《易本义》《诗集传》《太极图解》《通书解》《正蒙解》《近思录》及其文集、语录，皆有关于伦理学说者也。

理气　晦庵本伊川理气之辨，而以理当濂溪之太极，故曰：由其横于万物之深底而见时，曰太极。由其与气相对而见时，曰理。又以形上、形下为理气之别，而谓其不可以时之前后论。曰："理者，形而上之道，所以生万物之原理也。气者，形而下之器，率理而铸型之质料也。"又曰："理非别为一物而存，存于气之中而已。"又曰："有此理便有此气。"但理是本，于是又取横渠理一分殊之义，以为理一而气殊。曰万物统一于太极，而物物各具一太极。曰："物物虽各有理，而总只是一理。"曰：理虽无差别，而气有种种之别，有清爽者，有昏浊者，难以一一枚举。曰：此即万物之所以差别，然一一无不有太极，其状即如宝珠之在水中。在圣贤之中，如在清水中，其精光自然发现。其在至愚不肖之中，如在浊水中，非澄去泥沙，其光不可见也。

性 由理气之辨，而演绎之以言性，于是取横渠之说，而立本然之性与气质之性之别。本然之性，纯理也，无差别者也。气质之性，则因所禀之气之清浊，而不能无偏。乃又本汉儒五行五德相配之说，以证明之。曰："得木气重者，恻隐之心常多，而羞恶辞让是非之心，为之塞而不得发。得金气重者，羞恶之心常多，而恻隐辞让是非之心，为之塞而不得发。火、水亦然。故气质之性完全者，与阴阳合德，五性全备而中正，圣人是也。"然彼又以本然之性与气质之性密接，故曰："气质之性，虽是形体，然无形质，则本然之性无所以安置自己之地位，如一勺之水，非有物盛之，则水无所归著。"是以论气质之性，势不得不杂理与气言之。

心情欲 伊川曰："在人为性，主于身为心。"晦庵亦取其义，而又取横渠之义以心为性情之统名，故曰："心，统性情者也。由心之方面见之，心者，寂然不动。由情之方面见之，感而遂动。"又曰："心之未动时，性也。心之已动时，情也。欲是由情发来者，而欲有善恶。"又曰："心如水，性犹水之静，情则水之流，欲则水之波澜，但波澜有好底，有不好底。如我欲仁，是欲之好底。欲之不好底，则一向奔驰出去，若波涛翻浪。如是，则情为性之附属物，而欲则又为情之附属物。"故彼以恻隐等四端为性，以喜怒等七者为情，而谓七情由四端发，如哀惧发自恻隐，怒恶发自羞恶之类，然又谓不可分七情以配四端，七情自贯通四端云。

人心道心 既以心为性情之统名，则心之有理气两方面，与性同。于是引以说古书之道心人心，以发于理者为道心，而发于气者为人心。故曰："道心是义理上发出来的，人心是人身上发出来的。虽圣人不能无人心，如饥食渴饮之类。虽小人不能无道心，如恻隐之心是。"又谓圣人之教，在以道心为一身之主宰，使人心屈从其命令。如人心者，决不得灭却，亦不可灭却者也。

穷理 晦庵言修为之法，第一在穷理，穷理即大学所谓格物致知也。故曰："格物十事，格得其九通透，即一事未通透，不妨。一事只格得九分，一分不通透，最不可，须穷到十分处。"至其言穷理之法，则全在读书。于是言读书之法曰："读书之法，在循序而渐进。熟读而精思。字求其训，句索其旨。未得于前，则不敢求其后，未通乎此，则不敢志乎彼。先须熟读，使其言皆若出于吾之口，继以精思，使其意皆若出于吾心。"

养心 至其言养心之法，曰，存夜气。本于孟子。谓夜气静时，即良心有光明之时，若当吾思念义理观察人伦之时，则夜气自然增长，良心愈放其光明来，于是辅之以静坐。静坐之说，本于李延平。延平言道理须是日中理会，夜里却去静坐思量，方始有得。其说本与存夜气相表里，故晦庵取之，而又为之界说曰："静坐非如坐禅入定，断绝思虑，只收敛此心，使毋走于烦思虑而已。此心湛然无事，自然专心，及其有事，随事应事，事已时复湛然。"由是又本程氏主一为敬之义而言专心,曰:"心一有所用,则心有所主,只看如今。才读书,则心便主于读书;才写字,则心便主于写字。若是悠悠荡荡,未有不入于邪僻者。"

结论 宋之有晦庵,犹周之有孔子,皆吾族道德之集成者出。孔子以前,道德之理想,表著于言行而已。至孔子而始演述为学说。孔子以后,道德之学说,虽亦号折中孔子,而尚在乍离乍合之间。至晦庵而始以其所见之孔教,整齐而厘订之,使有一定之范围。盖孔子之道,在董仲舒时代,不过具有宗教之形式。而至朱晦庵时代,始确立宗教之威权也。晦庵学术,近以横渠、伊川为本,而附益之以濂溪、明道。远以荀卿为本,而用语则多取孟子。于是用以训释孔子之言,而成立有宋以后之孔教。彼于孔子以前之说,务以诂训沟通之,使无与孔教有所龃龉;于孔子以后之学说若人物,则一以孔教进退之。彼其研究之勤,著述之富,徒党之众,既为自昔儒者所不及,而其为说也,矫恶过于乐善,方外过于直内,独断过于怀疑,拘名义过于得实理,尊秩序过于求均衡,尚保守过于求革新,现在之和平过于未来之希望。此为古昔北方思想之嫡嗣,与吾族大多数之习惯性相投合,而尤便于有权势者之所利用,此其所以得凭借科举之势力而盛行于明以后也。

第十章　陆象山

儒家之言，至朱晦庵而凝成为宗教，既具论于前章矣。顾世界之事，常不能有独而无对。故当朱学成立之始，而有陆象山；当朱学盛行之后，而有王阳明。虽其得社会信用不及朱学之悠久，而当其发展之时，其势几足以倾朱学而有余焉。大抵朱学毗于横渠、伊川，而陆、王毗于濂溪、明道；朱学毗于荀，陆、王毗于孟。以周季之思潮比例之，朱学纯然为北方思想，而陆、王则毗于南方思想者也。

小传　陆象山，名九渊，字子静，自号存斋，金谿人。父名贺，象山其季子也。乾道八年，登进士第，历官至知荆门军。以绍熙三年卒，年五十四。嘉定十年，赐谥文安。象山三四岁时，尝问其父，天地何所穷际。及总角，闻人诵伊川之语，若被伤者，曰："伊川之言，何其不类孔子、孟子耶？"读古书至宇宙二字，解曰："四方上下为宇，往古来今曰宙。"忽大省，曰："宇宙内之事，乃己分内事，己分内之事，乃宇宙内事。"又曰："宇宙即是吾心，吾心即是宇宙。东海有圣人出，此心同，此理同焉。西海有圣人出，此心同，此理同焉。南海、北海有圣人出，此心同，此理同焉。千百世之上，有圣人出，此心同，此理同焉。千百世之下，有圣人出，此心同，此理同焉。"淳熙间，自京师归，学者甚盛，每诣城邑，环坐二三百人，至不能容。寻结茅象山，学徒大集，案籍逾数千人。或劝著书，象山曰："六经注我，我注六经。"又曰："学苟知道，则六经皆我注脚也。"所著有《象山集》。

朱陆之论争　自朱、陆异派，及门互相诋諆。淳熙二年，东莱集江浙诸友于信州鹅湖寺以决之，既莅会，象山、晦庵互相辨难，连日不能决。晦庵曰："人各有所见，不如取决于后世。"其后彼此通书，又互有冲突。其间关于太极图说者，大抵名义之异同，无关宏旨。至于伦理学说之异同，则晦庵之见，以为象山尊心，乃禅家余派，学者当先求圣贤之遗言于书中。而修身之法，自洒扫应对始。象山则以晦庵之学为逐末，以为学问之道，不在外而在内，不在古人之文字而在其精神，故尝诘晦庵以尧舜曾读何书焉。

心即理　象山不认有天理人欲与道心人心之别，故曰："心即理。"又曰："心一也，人安有二心。"又曰："天理人欲之分，论极有病，自《礼记》有此言，而后人袭之，记曰，人生而静，天之性也，感于物而动，性之欲也。若是，则动亦是，静亦是，岂有天理人欲之分？动若不是，则静亦不是，岂有动静之间哉？"彼又以古书有人心惟危、道心惟微之语，则为之说曰："自人而言则曰惟危，自道而言则曰惟微。如其说，则古书之言，亦不过由两旁面而观察之，非真有二心也。"又曰："心一理也，理亦一理也，至当归一，精义无二，此心此理，不容有二。"又曰："孟子所谓不虑而知者，其良知也，不学而能者，其良能也，我固有之，非由外铄我也。"

纯粹之唯心论　象山以心即理，而其言宇宙也，则曰：塞宇宙一理耳。又曰，万物皆备于我，只要明理而已，然则宇宙即理，理即心，皆一而非二也。

气质与私欲 象山既不认有理欲之别，而其说时亦有蹈袭前儒者。曰："气质偏弱，则耳目之官，不思而蔽于物，物交物则引之而已矣。由是向之所谓忠信者，流而放辟邪侈，而不能自反矣。当是时，其心之所主，无非物欲而已矣。"又曰："气有所蒙，物有所蔽，势有所迁，习有所移，往而不返，迷而不解，于是为愚为不肖，于彝伦则斁，于天命则悖。"又曰："人之病道者二，一资，二渐习。"然宇宙一理，则必无不善，而何以有此不善之资及渐习，象山固未暇研究也。

思 象山进而论修为之方，则尊思。曰："义理之在人心，实天之所与而不可泯灭者也。彼其受蔽于物，而至于悖理违义，盖亦弗思焉耳。诚能反而思之，则是非取舍，盖有隐然而动，判然而明，决然而无疑者矣。"又曰："学问之功，切磋之始，必有自疑之兆，及其至也，必有自克之实。"

先立其大 然则所思者何在？曰："人当先理会所以为人，深思痛省，枉自汩没，虚过日月，朋友讲学，未说到这里，若不知人之所以为人，而与之讲学，遗其大而言其细，便是放饭流歠而问无齿决。若能知其大，虽轻，自然反轻归厚，因举一人恣情纵欲，一旦知尊德乐道，便明白洁直。"又曰："近有议吾者曰：'除了先立乎其大者一句，无伎俩。'吾闻之，曰：诚然。又曰：凡物必有本末，吾之教人，大概使其本常重，不为末所累。"

诚 象山于实践方面，则揭一诚字。尝曰："古人皆明实理做实事。"又曰："呜呼！循顶至踵，皆父母之遗骸，俯仰天地之间，惧不能朝夕求寡愧怍，亦得与闻于孟子所谓塞天地吾夫子人为贵之说与？"又引《中庸》之言以证明之曰："诚者非自成己而已也，所以成物也。成己仁也，成物知也，性之德也，合外内之道也。"

结论 象山理论既以心理与宇宙为一，而又言气质，言物欲，又不研究其所由来，于不知不觉之间，由一元论而蜕为二元论，与孟子同病，亦由其所注意者，全在积极一方面故也。其思想之自由，工夫之简易，人生观之平等，使学者无墨守古书拘牵末节之失，而自求进步，诚有足多者焉。

第十一章　杨慈湖

象山谓塞宇宙一理耳,然宇宙之观象,不赘一词。得慈湖之说,而宇宙即理之说益明。

小传　杨慈湖,名简,字敬中,慈溪人。乾道五年,第进士,调当阳主簿,寻历诸官,以大中大夫致仕。宝庆二年卒,年八十六,谥文元。慈湖官当阳时,始遇象山。象山数提本心二字,慈湖问何谓本心,象山曰:"君今日所听者扇讼,扇讼者必有一是一非,若见得孰者为非,即决定某甲为是,某甲为非,非本心而何?"慈湖闻之,忽觉其心澄然清明,亟问曰:"如是而已乎?"象山厉声答曰:"更有何者?"慈湖退而拱坐达旦,质明,纳拜,称弟子焉。慈湖所著有《己易》《启蔽》二书。

己易　慈湖著《己易》,以为宇宙不外乎我心,故宇宙现象之变化,不外乎我心之变化。故曰:"易者己也,非他也。以易为书,不以易为己不可也。以易为天地之变化,不以易为己之变化,不可也。天地者,我之天地;变化者,我之变化,非他物也。"又曰:"吾之性,澄然清明而非物;吾之性,洞然无际而非量。天者,吾性之象;地者,吾性中之形。"故曰:"在天成象,在地成形,皆我所为也。混融无内外,贯通无异种。"又曰:"天地之心,果可得而见乎?果不可得而见乎?果动乎?果未动乎?特未察之而已。似动而未尝移,似变而未尝改,不改不移,谓之寂然不动可也，谓之无思虑可也，谓之不疾而速不行而至可也，是天下之动也，是天下之至赜也。"又曰："吾未见天地人之有三也，三者形也，一者性也，亦曰道也，又曰易也，名言之不用，而其实一体也。"

结论　象山谓宇宙内事即己分内事，其所见固与慈湖同。唯象山之说，多就伦理方面指点，不甚注意于宇宙论。慈湖之说，足以补象山之所未及矣。

第十二章　王阳明

陆学自慈湖以后，几无传人。而朱学则自季宋，而元，而明，流行益广，其间亦复名儒辈出。而其学说，则无甚创见，其他循声附和者，率不免流于支离烦琐。而重以科举之招，益滋言行凿枘之弊。物极则反，明之中叶，王阳明出，中兴陆学，而思想界之气象又一新焉。

小传　王阳明，名守仁，字伯安，余姚人。少年尝筑堂于会稽山之洞中，其后门人为建阳明书院于绍兴，故以阳明称焉。阳明以弘治十二年中进士，尝平漳南横水诸寇，破叛藩宸濠，平广西叛蛮，历官至左都御史，封新建伯。嘉靖七年卒，年五十七。隆庆中，赠新建侯，谥文成。阳明天资绝人，年十八，谒娄一斋，慨然为圣人可学而至。尝遍读考亭之书，循序格物，终觉心物判而为二，不得入，于是出入于佛老之间。武宗时，被谪为贵州龙场驿丞，其地在万山丛树之中，蛇虺魍魉虫毒瘴疠之所萃，备尝辛苦，动心忍性。因念圣人处此，更有何道。遂悟格物致知之旨，以为圣人之道，吾性自足，不假外求。自是遂尽去枝叶，一意本原焉。所著有《阳明全集》《阳明全书》。

心即理　心即理，象山之说也。阳明更疏通而证明之曰："理一而已。以其理之凝聚言之谓之性，以其凝聚之主宰言之谓之心，以其主宰之发动言之谓之意，以其发动之明觉言之谓之知,以其明觉之感应言之谓之物。故就物而言之谓之格,就知而言之谓之致,就意而言之谓之诚,就心而言之谓之正。正者正此心也,诚者诚此心也,致者致此心也,格者格此心也,皆谓穷理以尽性也。天下无性外之理,无性外之物。学之不明,皆由世之儒者认心为外,认物为外,而不知义内之说也。"

知行合一 朱学泥于循序渐进之义,曰必先求圣贤之言于遗书。曰自洒扫应对进退始。其弊也,使人迟疑观望,而不敢勇于进取。阳明于是矫之以知行合一之说。曰:"知是行之始,行是知之成,知外无行,行外无知。"又曰:"知之真切笃实处便是行,行之明觉精密处便是知。若行不能明觉精密,便是冥行,便是'学而不思则罔';若知不能真切笃实,便是妄想,便是'思而不学则殆'。"又曰:"《大学》言如好好色,见好色属知,好好色属行。见色时即是好,非见而后立志去好也。今人却谓必先知而后行,且讲习讨论以求知。俟知得真时,去行,故遂终身不行,亦遂终身不知。"盖阳明之所谓知,专以德性之智言之,与寻常所谓知识不同;而其所谓行,则就动机言之,如大学之所谓意。然则即知即行,良非虚言也。

致良知 阳明心理合一,而以孟子之所谓良知代表之。又主知行合一,而以《大学》之所谓致知代表之。于是合而言之,曰致良知。其言良知也,曰:"天命之性,粹然至善,其灵明不昧者,皆其至善之发见,乃明德之本体,而所谓良知者也。"又曰:"未发之中,即良知也。无前后内外,而浑然一体者也。"又曰:"虽妄念之发,而良知未尝不在;虽昏塞之极,而良知未尝不明。"于是进而言致知,则包诚意格物而言之,曰:"今欲别善恶以诚其意,惟在致其良知之所知焉尔。何则?意念之发,吾心之良知，既知其为善矣，使其不能诚有以好之，而复背而去之，则是以善为恶，自昧其知善之良知矣。意念之所发，吾之良知，既知其为不善矣，使其不能诚有以恶之，而复蹈而为之，则是以恶为善，而自昧其知恶之良知矣。若是，则虽曰知之，犹不知也。意其可得而诚乎？今于良知所知之善恶者，无不诚好而诚恶之，则不自欺其良知而意可诚矣。"又曰："于其良知所知之善者，即其意之所在之物而实为之，无有乎不尽。于其良知所知之恶者，即其意之所在之物而实去之，无有乎不尽。然后物无不格，而吾良知之所知者，吾有亏缺障蔽，而得以极其至矣。"是其说，统格物诚意于致知，而不外乎知行合一之义也。

仁 阳明之言良知也，曰："人的良知，就是草木瓦石的良知。若草木瓦石无人的良知，不可以为草木瓦石矣。岂惟草木瓦石为然，天地无人的良知，亦不可以为天地矣。"是即心理合一之义，谓宇宙即良知也。于是言其致良知之极功，亦必普及宇宙，阳明以仁字代表之。曰："是故见孺子之入井，而必有怵惕恻隐之心焉，是其仁之与孺子而为一体也；孺子犹同类者也，见鸟兽之哀鸣觳觫而必有不忍之心焉，是其仁之与鸟兽而为一体也；鸟兽犹有知觉者也，见草木之摧折，而必有悯惜之心焉，是其仁之与草木而为一体也；草木犹有生意者也，见瓦石之毁坏，而必有顾惜之心焉，是其仁之与瓦石而为一体也。是其一体之仁也。虽小人之心，亦必有之。是本根于天命之性，而自然灵昭不昧者也。"又曰："故明明德，必在于亲民，而亲民乃所以明其明德也。是故亲吾之父，以及人之父，以及天下人之父，而后吾之仁实与吾之父、人之父与天下人之父而为一体矣。实与之为一体，而后孝之明德始明矣。亲吾兄，以及人之兄，以及天下人之兄，而后吾之仁，实与吾之兄、人之兄与天下人之兄而为一体矣。实与之为一体，而后弟之明德始明矣。君臣也，夫妇也，朋友也，以至于山川鬼神草木鸟兽也，莫不实有以亲之，以达吾一体之仁，然后吾之明德始无不明，而真能以天地万物为一体矣。"

结论 阳明以至敏之天才，至富之阅历，至深之研究，由博返约，直指本原，排斥一切拘牵文义区划阶级之习，发挥陆氏心理一致之义，而辅以知行合一之说。孔子所谓我欲仁斯仁至，孟子所谓人皆可以为尧舜焉者，得阳明之说而其理益明。虽其依违古书之文字，针对末学之弊习，所揭言说，不必尽合于论理，然彼所注意者，本不在是。苟寻其本义，则其所以矫朱学末流之弊，促思想之自由，而励实践之勇气者，其功固昭然不可掩也。

第三期结论

自宋及明，名儒辈出，以学说觝理之，朱、陆两派之舞台而已。濂溪、横渠，开二程之先，由明道历上蔡而递演之，于是有象山学派；由伊川历龟山而递演之，于是有晦庵学派。象山之学，得阳明而益光大；晦庵之学，则薪传虽不绝，而未有能扩张其范围者也。朱学近于经验论，而其所谓经验者，不在事实，而在古书，故其末流，不免依傍圣贤而流于独断。陆学近乎师心，而以其不胶成见，又常持物我同体知行合一之义，乃转有以通情而达理，故常足以救朱学末流之弊也。唯陆学以思想自由之故，不免逸出本教之范围。如阳明之后，有王龙溪一派，遂昌言禅悦，递传而至李卓吾，则遂公言不以孔子之是非为是非，而卒遘焚书杀身之祸。自是陆、王之学，益为反对派所诟病，以其与吾族尊古之习惯不相投也。朱学逊言谨行，确守宗教之范围，而于其范围中，尤注重于为下不悖之义，故常有以自全。然自本朝有讲学之禁，而学者社会，亦颇倦于搬运文字之性理学，于是遁而为考据。其实仍朱学尊经笃古之流派，唯益缩其范围，而专研诂训名物。又推崇汉儒，以傲宋明诸儒之空疏，益无新思想之发展，而与伦理学无关矣。阳明以后，唯戴东原，咨嗟于宋学流弊生心害政，而发挥孟子之说以纠之，不愧为一思想家。其他若黄梨洲，若俞理初，则于实践伦理一方面，亦有取薶蕴已久之古义而发明之者，故叙其概于下。

附录　蔡元培演讲录

对于新教育之意见

（一九一二年二月二十一日）

近日在教育部与诸同人新草学校法令，以为征集高等教育会议之预备，颇承同志饷以说论。顾关于教育方针者殊寡，辄先述鄙见以为嚆引，幸海内教育家是正之。

教育有二大别：曰隶属于政治者，曰超轶乎政治者。专制时代（兼立宪而含专制性质者言之），教育家循政府之方针以标准教育，常为纯粹之隶属政治者。共和时代，教育家得立于人民之地位以定标准，乃得有超轶政治之教育。清之季世，隶属政治之教育，腾于教育家之口者，曰军国民教育。夫军国民教育者，与社会主义僢驰，在他国已有道消之兆。然在我国则强邻交逼，亟图自卫，而历年丧失之国权，非凭藉武力，势难恢复。且军人革命以后，难保无军人执政之一时期，非行举国皆兵之制，将使军人社会，永为全国中特别之阶级，而无以平均其势力。则如所谓军国民教育者，诚今日所不能不采者也。

虽然，今之世界，所恃以竞争者，不仅在武力，而尤在财力。且武力之半，亦由财力而挚乳。于是有第二之隶属政治者，曰实利主义之教育，以人民生计为普通教育之中坚。其主张最力者，至于普通学术，悉寓于树艺、烹饪、裁缝及金木土工之中。此其说创于美洲，而近亦盛行于欧陆。我国地宝不发，实业界之组织尚幼稚，人民失业者至多，而国甚贫。实利主义之教育，固亦当务之急者也。

是二者，所谓强兵富国之主义也。顾兵可强也，然或溢而为私斗，为侵略，则奈何？国可富也，然或不免知欺愚，强欺弱，而演贫富悬绝，资本家与劳动家血战之惨剧，则奈何？曰教之以公民道德。何谓公民道德？曰，法兰西之革命也，所标揭者，曰自由、平等、亲爱。道德之要旨，尽于是矣。孔子曰：匹夫不可夺志。孟子曰：大丈夫者富贵不能淫，贫贱不能移，威武不能屈。自由之谓也。古者盖谓之义。孔子曰：己所不欲，勿施于人。子贡曰：我不欲人之加诸我也，我亦欲无加诸人。《礼·大学》记曰：所恶于前，毋以先后；所恶于后，毋以从前；所恶于右，毋以交于左；所恶于左，毋以交于右。平等之谓也。古者盖谓之恕。自由者，就主观而言之也。然我欲自由，则亦当尊人之自由，故通于客观。平等者，就客观而言之也。然我不以不平等遇人，则亦不容人之以不平等遇我，故通于主观。二者相对而实相成，要皆由消极一方面言之。苟不进之以积极之道德，则夫吾同胞中，固有因生禀之不齐，境遇之所迫，企自由而不遂，求与人平等而不能者。将一切恝置之，而所谓自由若平等之量，仍不能无缺陷。孟子曰：鳏寡孤独，天下之穷民而无告者也。张子曰：凡天下疲癃残疾茕独鳏寡，皆吾兄弟之颠连而无告者也。禹思天下有溺者，由己溺之。稷思天下有饥者，由己饥之。伊尹思天下之人，匹夫匹妇有不与被尧舜之泽者，若己推而纳之沟中。孔子曰：己欲立而立人，己欲达而达人。亲爱之谓也。古者盖谓之仁。三者诚一切道德之根原，而公民道德教育之所有事者也。

教育而至于公民道德，宜若可为最终之鹄的矣。曰，未也。公民道德之教育，犹未能超轶乎政治者也。世所谓最良政治者，不外乎以最大多数之最大幸福为鹄的。最大多数者，积最少数之一人而成者也。一人之幸福，丰衣足食也，无灾无害也，不外乎现世之幸福。积一人幸福而为最大多数，其鹄的犹是。立法部之所评议，行政部之所执行，司法部之所保护，如是而已矣。即进而达礼运之所谓大道为公，社会主义家所谓未来之黄金时代，人各尽其所能，而各得其所需要，要亦不外乎现世之幸福。盖政治之鹄的，如是而已矣。一切隶属政治之教育，充其量亦如是而已矣。

虽然，人不能有生而无死。现世之幸福，临死而消灭。人而仅仅以临死消灭之幸福为鹄的，则所谓人生者有何等价值乎？国不能有存而无亡，世界不能有成而无毁，全国之民，全世界之人类，世世相传，以此不能不消灭之幸福为鹄的，则所谓国民若人类者，有何等价值乎？且如是，则就一人而言之，杀身成仁也，舍生取义也，舍己而为群也，有何等意义乎？就一社会而言之，与我以自由乎，否则与我以死，争一民族之自由，不至沥全民族最后之一滴血不已，不至全国为一大冢不已，有何等意义乎？且人既无一死生破利害之观念，则必无冒险之精神，无远大之计划，见小利，急近功，则又能保其不为失节堕行身败名裂之人乎？谚曰当局者迷，旁观者清。非有出世间之思想者，不能善处世间事，吾人即仅仅以现世幸福为鹄的，犹不可无超轶现世之观念，况鹄的不止于此者乎？

以现世幸福为鹄的者，政治家也；教育家则否。盖世界二方面，如一纸之有表里：一为现象，一为实体。现象世界之事，为政治，故以造成现世幸福为鹄的；实体世界之事，为宗教，故以摆脱现世幸福为作用。而教育者则立于现象世界，而有事于实体世界者也。故以实体世界之观念，为其究竟之大目的，而以现象世界之幸福，为其达于实体观念之作用。

然则现象世界与实体世界之区别何在耶？曰，前者相对而后者绝对；前者范围于因果律，而后者超轶乎因果律；前者与空间时间有不可离之关系，而后者无空间时间之可言；前者可以经验，而后者全恃直观。故实体世界者，不可名言者也。然而既以是为观念之一种矣，则不得不强为之名，是以或谓之道，或谓之太极，或谓之神，或谓之黑暗之意识，或谓之无识之意志。其名可以万殊而观念则一。虽哲学之流派不同，宗教家之仪式不同，而其所到达之最高观念皆如是（最浅薄之唯物论哲学，及最幼稚之宗教祈长生求福利者，不在此例）。

然则教育家何以不结合于宗教，而必以现象世界之幸福为作用？曰：世固有厌世派之宗教若哲学，以提撕实体世界观念之故，而排斥现象世界。因以现象世界之文明，为罪恶之源，而一切排斥之者。吾以为不然。现象实体，仅一世界之两方面，非截然为互相冲突之两世界。吾人之感觉，既托于现象世界，则所谓实体者，即在现象之中，而必非灭乙而后生甲。其现象世界间，所以为实体世界之障碍者，不外二种意识：一、人我之差别，二、幸福之营求是也，人以自卫力不平等而生强弱，人以自存力不平等而生贫富。有强弱贫富，而彼我差别之见起。弱者贫者，苦于幸福之不足，而营求之意识起。有人我，则于现象中有种种之界画，而与实体违。有营求则当其未遂，为无已之苦痛，及其既遂，为过量之要索，循环于现象之中，而与实体隔。能剂其平，则肉体之享受，纯任自然，而意识界之营求泯，人我之见亦化。合现象世界各别之意识为浑同，而得与实体吻合焉。故现世幸福，为不幸福之人类到达于实体世界之一种作用。盖无可疑者。军国民实利两主义，所以补自卫自存力之不足。道德教育，则所以使之互相卫互相存，皆所以泯营求而忘人我者也。由是而进以提撕实体观念之教育。

提撕实体观念之方法如何？曰：消极方面，使对于现象世界，无厌弃而亦无执著；积极方面，使对于实体世界，非常渴慕而渐进于领悟。循思想自由言论自由之公例，不以一流派之哲学一宗门之教义梏其心，而惟时时悬一无方体无始终之世界观以为鹄。如是之教育，吾无以名之，名之曰世界观教育。

虽然，世界观教育，非可以旦旦而聒之也。且其与现象世界之关系，又非可以枯槁单简之言说袭而取之也。然则何道之由？曰美感之教育。美感者，合美丽与尊严而言之，介乎现象世界与实体世界之间，而为津梁。此为康德所创造，而嗣后哲学家未有反对之者也。在现象世界，凡人皆有爱恶惊惧喜怒悲乐之情，随离合生死祸福利害之现象而流转。至美术则即以此等现象为资料，而能使对之者，自美感以外，一无杂念。例如采莲煮豆，饮食之事也，而一入诗歌，则别成兴趣。火山赤舌，大风破舟，可骇可怖之景也，而一入图画，则转堪展玩。是则对于现象世界，无厌弃而亦无执著也。人既脱离一切现象相对之感情，而为浑然之美感，则即所谓与造物为友，而已接触于实体世界之观念矣。故教育家欲由现象世界而引以到达于实体世界之观念，不可不用美感之教育。

五者，皆今日之教育所不可偏废者也。军国民主义、实利主义、德育主义三者，为隶属于政治之教育（吾国古代之道德教育，则间有兼涉世界观者，当分别论之）。世界观、美育主义二者，为超轶政治之教育。

以中国古代之教育证之，虞之时，夔典乐而教胄子以九德，德育与美育之教育也。周官以卿三物教万民，六德六行，德育也。六艺之射御，军国民主义也。书数，实利主义也。礼为德育，而乐为美育。以西洋之教育证之，希腊人之教育为体操与美术，即军国民主义与美育也。欧洲近世教育家，如海尔巴脱氏纯持美育主义。今日美洲之杜威派，则纯持实利主义者也。

以心理学各方面衡之，军国民主义毗于意志；实利主义毗于知识；德育兼意志情感二方面；美育毗于情感；而世界观则统三者而一之。

以教育界之分言三育者衡之，军国民主义为体育；实利主义为智育；公民道德及美育毗于德育；而世界观则统三者而一之。

以教育家之方法衡之，军国民主义、世界观、美育，皆为形式主义；实利主义为实质主义；德育则二者兼之。

譬之人身：军国民主义者，筋骨也，用以自卫；实利主义者，胃肠也，用以营养；公民道德者，呼吸机循环机也，周贯全体；美育者，神经系也，所以传导；世界观者，心理作用也，附丽于神经系，而无迹象之可求。此即五者不可偏废之理也。

本此五主义而分配于各教科，则视各教科性质之不同，而各主义所占之分数，亦随之而异。国语国文之形式，其依准文法者属于实利，而依准美词学者，属于美感。其内容则军国民主义当占百分之十，实利主义当占其四十，德育当占其二十，美育当占其二十五，而世界观则占其五。

修身，德育也，而以美育及世界观参之。

历史、地理，实利主义也。其所叙述，得并存各主义。历史之英雄，地理之险要及战绩，军国民主义也；记美术家及美术沿革，写各地风景及所出美术品，美育也；记圣贤，述风俗，德育也；因历史之有时期，而推之于无终始，因地理之有涯涘，而推之于无方体，及夫烈士哲人宗教家之故事及遗迹，皆可以为世界观之导线也。

算学，实利主义也，而数为纯然抽象者。希腊哲人毕达哥拉士以数为万物之原，是亦世界观之一方面；而几何学各种线体，可以资美育。

物理化学，实利主义也，原子电子，小莫能破，爱耐而几（Energy），范围万有，而莫知其所由来，莫穷其所究竟，皆世界观之导线也；视官听官之所触，可以资美感者尤多。

博物学，在应用一方面，为实利主义；而在观感一方面多为美感。研究进化之阶级，可以养道德；体验造物之万能，可以导世界观。

图画，美育也，而其内容得包含各种主义：如实物画之于实利主义，历史画之于德育是也。其至美丽至尊严之对象，则可以得世界观。

唱歌，美育也；而其内容，亦可以包含种种主义。

手工，实利主义也，亦可以兴美感。

游戏，美育也；兵式体操，军国民主义也；普通体操，则兼美育与军国民主义二者。

以上之所著，仅具荦较，神而明之，在心知其意者。

满清时代，有所谓钦定教育宗旨者，曰忠君，曰尊孔，曰尚公，曰尚武，曰尚实。忠君与共和政体不合，尊孔与信教自由相违（孔子之学术，与后世所谓儒教、孔教当分别论之。嗣后教育界何以处孔子，及何以处孔教，当特别讨论之，兹不赘），可以不论。尚武，即军国民主义也；尚实，即实利主义也；尚公，与吾所谓公民道德，其范围或不免有广狭之异，而要为同意。惟世界观及美育，则为彼所不道，而鄙人尤所注重，故特疏通而证明之，以质于当代教育家，幸教育家平心而讨论焉。

世界观与人生观

（一九一二年冬）

世界无涯涘也，而吾人乃于其中占有数尺之地位；世界无终始也，而吾人乃于其中占有数十年之寿命；世界之迁流如是其繁变也，而吾人乃于其中占有少许之历史。以吾人之一生较之世界，其大小久暂之相去既不可以数量计，而吾人一生又决不能有几微遁出于世界以外，则吾人非先有一世界观，决无所容喙于人生观。

虽然，吾人既为世界之一分子，决不能超出世界以外，而考察一客观之世界，则所谓完全之世界观何自而得之乎？曰凡分子必具有全体之本性，而既为分子则因其所值之时地而发生种种特性，排去各分子之特性而得一通性，则即全体之本性矣。吾人为世界一分子，凡吾人意识所能接触者无一非世界之分子。研究吾人之意识而求其最后之原素为物质及形式，犹相对待也。超物质形式之畛域而自在者，惟有意志。于是吾人得以意志为世界各分子之通性，而即以是为世界之本性。

本体世界之意志，无所谓鹄的也。何则？一有鹄的，则悬之有其所，达之有其时，而不得不循因果律以为达之之方法，是仍落于形式之中，含有各分子之特性，而不足以为本体。故说者以本体世界为黑暗之意志，或谓之盲瞽之意志，皆所以形容其异于现象世界各各之意志也。现象世界各各之意志则以回向本体为最后之大鹄的，其间接以达于此大鹄的者又有无量数之小鹄的，各以其间接于最后大鹄的之远近为其大小之差。

最后之大鹄的何在？曰：合世界之各分子息息相关，无复有彼此之差别，达于现象世界与本体世界相交之一点是也。自宗教家言之，吾人固未尝不可一瞬间超轶现象世界种种差别之关系，而完全成立为本体世界之大我。然吾人于此时期既尚有语言文字之交通，则已受范于渐法之中，而不以顿法，于是不得不有所谓种种间接之作用。缀辑此等间接作用，使厘然有系统可寻者，进化史也。

统大地之进化史而观之，无机物之各质点，自自然引力外，殆无特别相互之关系；进而为有机之植物，则能以质点集合之机关共同操作，以行其延年传种之作用；进而为动物，则又于同种类间为亲子朋友之关系，而其分职通功之例视植物为繁。及进而为人类，则由家庭而宗族、而社会、而国家、而国际，其互相关系之形式既日趋于博大，而成绩所留，随举一端，皆有自阂而通，自别而同之趋势。例如昔之工艺，自造之，而自用之耳。今则一人之所享受，不知经若干人之手而后成；一人之所操作，不知供若干人之利用。昔之知识，取材于乡土志耳。今则自然界之记录，无远弗届；远之星体之运行，小之原子之变化，皆为科学所管领。由考古学人类学之互证，而知开明人之祖先与未开化人无异；由进化学之研究，而知人类之祖先与动物无异。是以语言风俗宗教美术之属，无不合大地之人类以相比较。而动物心理，动物言语之属，亦渐为学者所注意。昔之同情，及最近者而止耳。是以同一人类，或状貌稍异，即痛痒不复相关，而甚至于相食；其次则死之，奴之。今则四海兄弟之观念为人类所公认，而肉食之戒，虐待动物之禁，以渐流布；所谓仁民而爱物者，已成为常识焉。夫已往之世界，经其各分子经营而进步者其成绩固已如此，过此以往，不亦可比例而知之欤？

道家之言曰："知足不辱，知止不殆。"又曰："小国寡民，使有什伯之器而不用；使民重死而不远徙，虽有舟舆，无所乘之，虽有甲兵，无所陈之；使民复结绳而用之，甘其食，美其服，安其居，乐其俗；邻国相望，鸡狗之声相闻，民至老死而不相往来。"此皆以目前之幸福言之也。自进化史考之，则人类精神之趋势乃适与相反。人满之患，虽自昔藉为口实，而自昔探险新地者率生于好奇心，而非为饥寒所迫。南北极苦寒之所，未必于吾侪生活有直接利用之资料，而冒险探极者踵相接。由推轮而大辂，由桴槎而方舟，足以济不通矣，乃必进而为汽车汽船及自动车之属。近则飞艇飞机更为竞争之的。其构造之初必有若干之试验者供其牺牲，而初不以及身之不及利用而生悔。文学家、美术家最高尚之著作，被崇拜者或在死后，而初不以及身之不得信用而辍业。用以知：为将来而牺牲现在者，又人类之通性也。

人生之初，耕田而食，凿井而饮，谋生之事至为繁重，无暇为高尚之思想。自机械发明，交通迅速，资生之具日趋于便利。循是以往，必有菽粟如水火之一日，使人类不复为口腹所累，而得专致力于精神之修养。今虽尚非其时，而纯理之科学，高尚之美术，笃嗜者固已有甚于饥渴，是即他日普及之朕兆也。科学者，所以祛现象世界之障碍，而引致于光明。美术者，所以写本体世界之现象，而提醒其觉性。人类精神之趋向既毗于是，则其所到达之点盖可知矣。

然则,进化史所以诏吾人者:人类之义务,为群伦不为小己,为将来不为现在,为精神之愉快而非为体魄之享受,固已彰明而较著矣。而世之误读进化史者,乃以人类之大鹄的为不外乎具一身与种性之生存,而遂以强者权利为无上之道德。夫使人类果以一身之生存为最大之鹄的,则将如神仙家所主张,而又何有于种姓?如曰人类固以绵延其种姓为最后之鹄的,则必以保持其单纯之种姓为第一义,而同姓相婚,其生不蕃,古今开明民族,往往有几许之混合者。是两者何足以为究竟之鹄的乎?孔子曰:"生无所息。"庄子曰:"造物劳我以生。"诸葛孔明曰:"鞠躬尽瘁,死而后已。"是吾身之所以欲生存也。北山愚公之言曰:"虽我之死,有子存焉;子又生孙,孙又生子,子子孙孙,无穷匮也。而山不加增,何苦而不平。"是种姓之所以欲生存也。人类以在此世界有当尽之义务,不得不生存其身体。又以此义务者非数十年之寿命所能竣,而不得不谋其种姓之生存。以图其身体若种姓之生存,而不能不有所资以营养,于是有吸收之权利。又或吾人所以尽务之身体若种姓,及夫所资以生存之具,无端受外界之侵害,将坐是而失其所以尽务之自由,于是有抵抗之权利。此正负两式之权利,由义务而演出者也。今曰:吾人无所谓义务,而权利则可以无限,是犹同舟共济,非合力不足以达彼岸,乃强有力者以进行为多事,而劫他人所持之棹楫以为己有,岂非颠倒之尤者乎?

昔之哲人有见于大鹄的之所在,而于其他无量之小鹄的又准其距离于大鹄的之远近以为大小之差。于其常也,大小鹄的并行而不悖。孔子曰:"己欲立而立人,己欲达而达人。"孟子曰:"好乐,好色,好货,与人同之。"是其义也。于其变也,绌小以申大。尧知子丹朱之不肖，不足授天下。授舜则天下得其利而丹朱病，授丹朱则天下病而丹朱得其利，尧曰终不以天下之病，而利一人，而卒授舜以天下。禹治洪水，十年不窥其家。孔子曰："志士仁人，无求生以害仁，有杀身以成仁。"墨子摩顶放踵，利天下为之。孟子曰："生与义不可得兼，舍生而取义。"范文正曰："一家哭，何如一路哭。"是其义也。循是以往，则所谓人生者，始合于世界进化之公例，而有真正之价值。否则，庄生所谓天地之委形委蜕已耳，何足选也！

《学风》杂志发刊词

（一九一四年夏）

今之时代，其全世界大交通之时代乎？昔者，吾人以我国为天下，而西方人亦以欧洲为世界。今也，畛域渐化，吾人既已认有所谓西方之文明，而彼西方人者，虽以吾国势之弱，习俗之殊特，相与鄙夷之，而不能不承认为世界之一分子。有一世界博览会焉，吾国之制作品必与列焉。有大学焉，苟其力足以包罗世界之学术，则吾国之语文历史恒列为一科焉。有大藏书楼焉，苟其不以本国之文字为限，则吾国之图籍恒有存焉。有博物院焉，苟其宗旨在于集殊方之珍异，揭人类之真相，则吾国之美术品或非美术品必在所搜罗焉。此全世界大交通之证也。

虽然，全世界之交通非徒以国为单位，为国际间之交涉而已。在一方面，吾人不失其为家庭或民族或国家之一分子，而他方面则又将不为此等种种关系所囿域，与一切人类各立于世界一分子之地位，通力合作，增进世界之文化。此今日稍稍有知识者所公认也。夫全世界之各各分子，所谓通力合作以增进世界之文化者，为何事乎？其事固不胜举，而其最完全不受他种社会之囿域，而合于世界主义者，其惟科学与美术乎（科学兼哲学言之）？法与德世仇也，哲学文学之书互相传译，音乐图书之属互相推重焉。犹太人基督教国民所贱视也，远之若斯宾诺莎之哲学，哈纳之诗篇，近之若爱里希之医学，布格逊之玄学，群焉推之。其他犹太人之积学而主讲座于各国大学者，指不胜屈焉。波兰人，亡国之民也，远之若哥白尼之天文学，米开维之文学，近之若居梅礼之化学，推服者无异词焉。而近今之以文学著者尚多，未闻有外视之者。东方各国，欧洲人素所歧视也，然而法国罗科科时代之美术，参中国风，评鉴者公认之。意大利十六世纪之名画，多衬远景于人物之后，有参用中国宋元之笔意者，孟德堡言之。二十年来，欧洲之图画受影响于日本，而抒情诗则受影响于中国，尤以李太白之诗为甚，野该述之。欧十八世纪之惟物哲学受中国自然教之影响也，十九世纪之厌世哲学受印度宗教之影响也，柏鲁孙言之。欧洲也，印度也，中国也，其哲学思想之与真理也，以算学喻之，犹三座标之同系于一中心点也，加察林演说之。其平心言之如此，故曰科学美术完全世界主义也。

方今全世界之人口，号千五百兆而弱，而中国人口，号四百兆而强，占四分之一有奇。其所居之地则于全球陆地五千五百万方里中占有四百余万方里，占十四分之一；其他产之丰腴，气候之调适，风景之优秀而雄奇，其历史之悠久，社会之复杂，古代学艺之足以为根柢，其可以贡献于世界之科学美术者，何限？吾人试扪心而自问，其果有所贡献否？彼欧洲人所谓某学某术受中国之影响者，皆中国古代之学术，非吾人所可引以解嘲者也。且正惟吾侪之祖先在交通较隘之时期，其所作述尚能影响于今之世界，历千百年之遗传以底于吾人，乃仅仅求如千百年以前所尽之责任而尚不可得，吾人之无以对世界，伊于胡底耶？且使吾人姑退一步，不遽责以如彼欧人能扩其学术势力于生活地盘之外，仅即吾人生活之地盘而核其学术之程度，则吾人益将无地以自容。例如中国之地质，吾人未之测绘也,而德人李希和为之。中国之宗教,吾人未之博考,而荷兰人格罗为之。中国之古物,吾人未能为有系统之研究也,而法人沙望、英人劳斐为之。中国之美术史,吾人未之试为也,而英人布绥尔爱铿、法人白罗克、德人孟德堡为之。中国古代之饰文,吾人未之疏证也,而德人贺斯曼及瑞士人谟脱为之。中国之地理,吾人未能准科学之律贯以记录之也,而法人若可侣为之。西藏之地理风俗及古物,吾人未之详考也,而瑞典人海丁竭二十余年之力,考察而记录之。辛亥之革命,吾人尚未有原原本本之纪述也,法人法什乃为之。其他数世界地理、通世界史、世界文明史、世界文学史、世界哲学史,莫不有中国一部分焉。庖人不治庖,尸祝越俎而代之,使吾人而尚自命为世界之分子者,宁得不自愧乎?

吾人徒自愧,无补也。无已,则亟谋所以自尽其责任之道而已。人亦有言,先秦时代,吾人之学术较之欧洲诸国今日之所流行,业已具体而微,老庄之道学,非哲学乎?儒家之言道德,非伦理学乎?荀卿之正名,墨子之大取小取,以及名家者流,非今之论理学乎?墨子之《经说》,非今之物理学乎?《尔雅》《本草》,非今之博物学、药物学乎?《乐记》之言音律,《考工记》之言筍簴,不犹今之所谓美学乎?宋人刻象为楮叶,三年而后成,乱之楮叶之中而不可辨也,不犹今之雕刻乎?周客画筴,筑十版之墙,凿八尺之牖,以日始出时加之其上而观之,尽成龙蛇禽兽,车马万物之状备具,不犹今之所谓油画乎?归而求之有余师,闭门造车出门合辙,吾侪其以复古相号召可矣。奚以轻家鸡,宝野鹜,行万里路,而游学为?

虽然,西人之学术所以达今日之程度者,自希腊以来,固已积二千余年之进步而后得之。吾先秦之文化无以远过于希腊,当亦吾同胞之所认许也。吾与彼分道而驰,既二千余年矣,而始有羡于彼等所等之一境,则循自然公例,取最短之途径以达之可也。乃曰吾必舍此捷径,以二千余年前之所诣为发足点,而奔轶绝尘以追之,则无论彼我速率之比较如何,苟使由是而彼我果有同等之一日,我等无益于世界之耗费,已非巧历所能计矣。不观日本之步趋欧化乎?彼固取最短之径者也。行之且五十年,未敢曰与欧人达同等之地位也。然则吾即取最短之径以往,犹惧不及,其又堪迂道焉?且不观欧洲诸国之互相师法乎?彼其学术,固不失为对等矣,而学术之交通有加无已。一国之学者有新发明焉,他国之学术杂志竞起而介绍之。有一学术之讨论会焉,各国之学者相聚而讨论之。本国之高等教育既有完备之建设,而游学于各国者实繁有徒。检法国本学期大学生统计,外国留学者,德国二百四十人,英国二百十四人,意大利五百十四人,奥匈百三十五人,瑞士八十六人,俄国三千一百七十六人,北美合众国五十四人。又观德国本学期大学生统计,外国留学者,法国四十人,英国百五十人,意大利三十六人,奥匈八百八十七人,瑞士三百五十四人,俄国二千二百五十二人,北美合众国三百四十八人。其在他种高等专门学校,及仅在大学旁听者,尚不计焉。其他教员学生乘校假而为研究学术之旅行者尚多有之。法国且设希腊文史学校于雅典,拉丁文史学校于罗马,以为法国青年博士研究古人之所。设美术学校于罗马,俾巴黎美术学校高才生得于其间为高生之研究,学术同等之国,其转益多师也如此,其他则何如乎?故吾人而不认欧洲之学术为有价值也则已耳,苟其认之,则所以急取而直追之者固有其道矣。

或曰吾人之收外界文明也不自今始。昔者印度之哲学,吾人固以至简易之道得之矣。其高僧之渡来者，吾欢迎之，其经典之流入者，吾翻译之。其间关跋涉亲至天竺者，蔡愔、苏物、法显、玄奘之属廖廖数人耳。然而汉唐之间，儒家道家之言均为佛说所浸入，而建筑、雕塑、图画之术，皆大行印度之风；书家之所挥写，诗人之所讽咏，多与佛学为缘。至于宋代则明为辟佛，而其学术受佛氏之影响者益以深远。盖佛学之输入我国也至深博，而得之之道则至简易。今日之于欧化，亦若是则已矣。

虽然，欧洲之学术非可以佛学例之。佛氏之学，非不闳深，然其范围以哲学之理论为限。而欧洲学术，则科目繁多，一科之中所谓专门研究者，又别为种种之条目。其各条目之所资以研究而参考者，非特不胜其繁，而且非浅尝者之所能卒尔而移译也。且佛氏之学，其托于语言文字者已有太涉迹象之嫌，而欧洲学术则所资以传习者乃全恃乎实物。最近趋势，即精神科学亦莫不日倾于实验。仪器之应用，不特理化学也，心理教育诸科亦用之，实物之示教不特博物学也，历史人类诸科亦尚之。实物不足，济以标本，标本不具，济以图画；图画不周，济以表目。内革罗人之歌，以蓄音器传之；罗马之壁画，以幻灯摄之；莎士比亚所演之台舞，以模型表示之。其以具体者补袖象之语言如此，其他陈列所、博物院、图书馆种种参考之所，又复不胜枚举。是皆非我国所有也。吾人即及此时而设备之，亦不知经几何年而始几于同等之完备，又非吾人所敢悬揣也。然则，吾人即欲凭多数之译本以窥欧洲学术，较之游学欧洲者事倍而功半，固已了然。而况纯粹学术之译本，且求之而不可得耶？然则，吾人而无志于欧洲之学术则已，苟其有志，舍游学以外，无他道也。

且吾人固非不勇于游学者也。十年以前，留学日本者达三万余人。近虽骤减,其数闻尚逾三千人。若留欧之同学,则合各国而计之,尚不及数三分之一也。岂吾人勇于东渡,而怯于西游哉?毋亦学界之通阂,旅费之丰啬,有以致之?日本与我同种同文,两国学者常相与结文字之因缘,而彼国书报之输入所谓游学指南,旅行案内之属,不知不识之间,早留印象于脑海,一得机会,则乘兴而赴之矣。于欧洲则否。欧人之来吾国而与吾人相习熟者,外交家耳,教士耳,商人耳,学者甚少。即有绩学之士旅行于吾国者,亦非吾人之所注意。故吾人对于欧人之观察,恒以粗鄙近利为口实,以为彼之所长者枪炮耳,继则曰工艺耳,其最高者则曰政治耳。至于道德文章,则殆吾东方之专利品,非西人之所知也。其或不囿于此类之成见,而愿一穷其底蕴,则又以费绌为言。以为欧人生活程度之高,与日本大异,一年旅费非三倍于东游者不可,则又废然而返矣。

方吾等之未来欧洲也,所闻亦犹是耳。至于今日则对于学海之闳深,不能不为望洋向若之叹。而生活程度,准俭学会之所计画,亦无以大过于日本未尝不叹息于百闻不如一见之良言也。夫吾人今日之所见,既大殊于曩昔之所闻,则内国同胞之所闻,其有殊于吾人之所见,可推而知。鹿得荤草以为美食,则呦呦然相呼而共食之。田父负日之暄而暖,以为人莫知者,则愿举而献之于其君。吾侪既有所见,不能不有以报告于内国之同胞,吾侪之良心所命令也。以吾侪涉学之浅,更事之不多欧洲学界之争相,为吾侪所窥见者殆不逮万之一。以日力财力之有限,举吾侪之所窥见所能报告于同胞者,又殆不逮百之一。然则吾侪之所报告者不能有几何之价值,吾侪固稔知之。然而吾侪之情决不容以自己。是则吾侪之所以不自惭其弇陋,而有此《学风》杂志之发刊者也。

吾侪何故而欲归国乎

——旅法学界西南维持会之通告

（一九一四年八月）

吾同学暑假期间方为种种之预备，而列强忽然宣战；欧洲文化，暂隐于枪林弹雨之中。吾同学中遂有于此时期倡归国之说者，不知何所见而云然也。夫多闻多见，次于上智，观赜观动，乃知天下。此次战局，为百年来所未有，不特影响所及，人权之消长，学说之抑扬，于世界文明史中必留一莫大之纪念；而且社会之组织，民族之心理，其缘此战祸而呈种种之变态者，皆足以新吾人蹈常习故之耳目，而资其研究。故使吾人稍稍蓄好奇之心，有济胜之具，虽在闾里，犹将挟策裹粮，为泰西之游；而乃不先不后，会逢其适者，转谋引避，是何故耶？其有一二修业已毕，归计早定，不因时局而中变，则亦已耳。乃留学未久者，亦忽为战祸所驱而东去，是何故耶？英京安全如故，濒于危险者，比法一隅耳。法国西南诸省，优足为比法同学暂避之所，何所谓危险者？至于地中海之戒严，胶州湾之攻击，与夫船少人挤，熏蒸致疾，及停船久待之虑，归国者之危险，宁减于留欧者耶？将曰恐旅费之不给耶？国内之汇寄，使馆之借塾，其道正多。藉曰无款，则归国之资何自而来耶？以留法同学之经验，共同生活月费七十佛郎而已足。至于归国川资，其数则巨，若移为留居之费，少则数月，多则年余。岂犹虑战局之不终而学费之不可以继续耶？将为战端既开，恐学校不复开课，游学之目的终不能达，不得不废然而返耶？近一二月，正在暑假期内，学校之停课也以此。苟暑假既毕而战祸未竣，在逼近战线诸地，虽未能克期开学；而安全之地，如西南各省，则专门普通诸校，必皆开课。法教育部言之矣。其他诸省，可以类推。若乃暑假将终，贸然返国，则即使力能再来，而入校之期，不免延误。其绌于川资者，所不待言。所谓弃游学之目的者，果谁任其咎耶？然则由各方面观察之，归国之说，言之既不成理，而持之亦非有故，殆发于一时之感情而决非审思熟虑而出之者。去留之间，关于学问之进退者甚大。愿诸同学审思而熟虑之，勿遽为一时之感情所动也。

华法教育会之意趣

（一九一六年三月二十九日在巴黎自由教育会会所演说）

今日为华法教育会发起之日，鄙人既感无限之愉快，尤抱无限之希望。

盖尝思人类事业，最普遍最悠久者，莫过于教育。人类之进化，虽其间有迟速之不同，而其进行之涂辙，常相符合。则人类之教育，宜若有共同之规范。欲考察各民族之教育，常若不能不互相区别者，其障碍有二：一曰君主，二曰教会。二者各以其本国本教之人为奴隶，而以他国他教之人为仇敌者也。其所主张之教育，乌得不互相歧异？

现今世界各国之教育，能完全脱离君政及教会障碍者，以法国为最。法国自革命成功，共和确定，教育界已一洗君政之遗毒。自一八八六年、一九〇一年、一九一二年，三次定律，又一扫教会之霉菌，固吾侪所公认者。其在中国，虽共和成立，不过四年有奇，然追溯共和成立以前二千余年间，教育界所讲授之学说，自孔子、孟子以至黄梨洲氏，无不具有民政之精神。故君政之障碍，拔之甚易，而决不虑其复活。中国又素行信仰自由之风。道佛回耶诸教，虽得自由流布，而教育界则自昔以儒家言为主。儒家言本非宗教，虽有祭祀之礼，然其所崇拜者，以有功德于民，及以死勤事等条件为准，与法国哲学家孔德所提议之"人道教"相类。至今日新式之学校，则并此等儒家言而亦去之。是中国教育之不受君政教会两障碍，固与法国为同志也。

教育界之障碍既去，则所主张者，必为纯粹人道主义。法国自革命时代，既根本自由、平等、博爱三大义，以为道德教育之中心点，至于今且益益扩张其势力之范围。近吾于弥罗君所著《强权嬗于强权论》中，读去年二月间法国诸校长恳亲会之宣言，有曰："我等之提倡人权，既历一世纪矣，我等今又为各民族之自由而战。"又于本年三月十五日之日报，读欧乐君之《理想与意志竞争论》，有曰："法人之理想，不问其为一人，为一民族，凡弱者亦有生存及发展之权利，与强者同。而且无论其为各人，为各民族，在生存期间，均有互助之义务。例如比利时、塞尔维亚、葡萄牙等，虽小在体魄，而大在灵魂，大在权利，不可不使占正当地位于世界以独利而进行。"其为人道主义之代表，所不待言。

其在中国，虽自昔有闭关之号，然教育界之所传诵，则无非人道主义。例如孔子作《春秋》，区人治之进化为三世：一曰据乱世（由乱而进于治），二曰升平世（小康），三曰太平世。据乱之世，内其国而外诸夏（内者亲也，外者疏也）；升平之世，内诸夏而外夷狄；太平之世，夷狄进至于爵（与诸夏同），天下远近大小若一（以上见何休《公羊传·解诂》）。教化流行，德泽大洽，天下之人人有士君子之行而少过矣（以上见董仲舒《春秋繁露俞序篇》）。孔子又尝告子游曰："大道之行也，天下为公，选贤与能（与者举也），讲信修睦。故人不独亲其亲，不独子其子，使老有所终，壮有所用，幼有所长，鳏寡孤独废疾者皆有所养，男有分，女有归，货恶其弃于地也，不必藏于己，力恶其不出于身也，不必为己。是故谋闭而不兴，盗窃乱贼而不作，故外户而不闭，是谓大同。"又曰："圣人以天下为一家，中国为一人。"其他如子夏言"四海之内皆兄弟"，张横渠言"民吾同胞"，尤与法人所唱之博爱主义相合。是中国以人道为教育，亦与法国如同志也。

夫人道主义之教育，所以实现正当之意志也。而意志之进行，常与知识及感情相伴。于是所以行人道主义之教育者，必有资于科学及美术。法国科学之发达，不独在科学固有之领域，乃又夺哲学之席，而有所谓科学的哲学。法国美术之发达，即在巴黎一市，观其博物院之宏富，剧院与音乐会之昌盛，美术家之繁多，已足证明之而有余。至中国古代之教育，礼乐并重，亦有兼用科学与美术之意义。《书》云"天秩有礼"。礼之始，固以自然之法则为本也。惟是数千年来，纯以哲学之演绎法为事，而未能为精深之观察，繁复之实验，故不能组成有系统之科学。美术则自音乐以外，如图画、书法、饰文等，亦较为发达，然不得科学之助，故不能有精密之技术，与夫有系统之理论。此诚中国所深欲以法国教育为师资，而又多得法国教育之助力，以促成其进化者也。

今者承法国诸学问家之赞助，而成立此教育会。此后之灌输法国学术于中国教育界，而为开一新纪元者，实将有赖于斯会。此鄙人之所以感无限之愉快，而抱无限之希望者也。敬为中国教育界感谢诸君子赞助之盛意，并预祝华法教育会之发展。华法教育会万岁！

对于送旧迎新二图之感想

（一九一六年九月十五日）

民谊君选取袁氏归榇、氏继任两图，题为"官僚之送旧""国民之迎新"，而各系之以短评，既揭诸本期之杂志矣。而吾对于此两图尚有种种之感想，为短评所未及，或及之而未详尽者，叙次于下：

袁氏之为人，盖棺论定，似可无事苛求。虽然，袁氏之罪恶，非特个人之罪恶也。彼实代表吾国三种之旧社会：曰官僚，曰学究，曰方士。畏强抑弱，假公济私，口蜜腹剑，穷奢极欲，所以表官僚之黑暗也；天坛祀帝，小学读经，复冕旒之饰，行拜跪之仪，所以表学究之顽旧也；武庙宣誓，教院祈祷，相士贡谀，神方治疾，所以表方士之迂怪也。今袁氏去矣，而此三社会之流毒，果随之以俱去乎？此吾所感想者一。

国子高曰："葬也者，藏也，欲人之弗得见也。"孔子见桓魋为石椁，曰："若是其靡也！死不如速朽之为愈也。"墨子曰："埋葬之法，桐棺三寸，足以朽体；衣衾三领，足以覆恶；及其葬也，下毋及泉，上毋通臭，陇若参耕之亩则止矣。"此节葬之义也。成子高曰："吾闻之也，生有益于人，死不害于人。吾纵生无益于人，吾可以死害于人乎哉？我死则择不食之地而葬我焉。"墨子曰："舜道死，葬南纪之市，禹道死，葬会稽之山。"

淮南子曰："禹之时，死陵者葬陵，死泽者葬泽。"皆随地可葬之义也。庄子将死，弟子欲厚葬之，曰："吾恐乌鸢之食夫子也。"庄子曰："在上者为乌鸢食，在下者为蝼蚁食，夺彼与此，何其偏也。"则且以葬骨为多事矣。今日西人虽尚有茔墓之设，而火葬渐兴；海舶中偶有死者，例投诸海。合于子高不害之义。疾死者或送其尸于医院而解剖之，则不惟不害于人，而或且有益于学理。今闻袁氏之死，其棺自河南运至北京，盖取材于太昊陵旁之古柏，为袁氏生前所自选定者。此亦足以见吾国人郑重棺木之一斑。且吾国人尤以归骨故乡为重大之关系。凡商业都市，恒有各省同乡停枢之舍，预备运回。以游学生之开通，而偶有不幸，尚必运枢回国。如高子周君之火葬于日本，杨笃生君之长眠于利物浦者，转为例外，其他则又何说。至于丧仪，则北京杠房之所承办，上海大出丧之所炫耀，其猥鄙谲怪之状，观送旧图已可概见。不知此等无意识之举动，至何时而始能廓清之也。此吾所感想者二。

中华民国约法，有责任内阁之制，而当时普通心理，乃不以为然，言统一，言集权，言强有力政府。于是为野心家所利用，而演出总统制，又由总统制而演出帝制。此亦崇拜总统倚赖总统之心理有以养成之。中国古代政论，若道家，若法家，若儒家，皆以无为为主道之第一义。道家法家之无为尚术，而儒家之无为尚德，适合于不负责任总统之本分。或喻诸肥豚，乃不安分者不知德化之效力，而妄发牢骚耳。宁以古代学究压制女子之言，所谓"无才是德"者况之，尚可为谑而不虐。要之，总统不必有才，即有才而亦决不容以才自见，惟德为其要素耳。总统既无实权，则所谓一国元首者，不过虚荣，直与勋位无异。世岂有竭实力以争虚荣者哉？约法既复，总统无责任之义，不可摇动，则总统者宜不复为有才有力者之竞争物。而普通心理，庶以扫其崇拜倚赖之污点乎？此吾所感想者三。

人之生也，呼吸机关无时不有吐故纳新之作用；全体细胞，无时不行其推陈出新之作用。非是，则病且死。吾国以病夫闻于世也久矣，振而起之，其必由日新又新之思想，普及于人人，而非恃一手一足之烈。此尤感不绝于予心，而愿与四百兆同胞共印证之者也。

附民谊君之图评。

官僚之送旧（袁世凯归榇）

可以安安稳稳做终身总统而不足，可以出其机而险之才，用其强有力之能于利国福民而不肯；必冒大不韪，犯众怒，而欲称帝。帝何物耶？固试之，而不能达其目的以致于死。呜呼！是亦不可以已乎！生而专横无道，为国民痛恶，死而出丧不礼，为外人窃笑（语本七月二十九日法国画报）。呜呼！是亦可以已矣！可已而不已，无已，谥之曰：遗臭万年。官僚之送之也宜。

国民之迎新（黎元洪继任）

逝者已矣，而所望于继之者正多。虽然，今世界立国，必以民为本，固非恃一人而可兴邦也。为总统者，能听民意，顺民情，是亦不失为贤总统矣。今黎氏一继任，即复旧约法，重开国会，除党禁，省刑罚，所谓听民意顺民情者已见其端矣。国民之迎之也宜。

在信教自由会之演说

（一九一六年十二月二十六日）

鄙人今日因信教自由会新年俱乐会之机会，得与国会及学界报界诸君相聚一堂，诚为鄙人之幸。窃闻今日论者往往有请定孔教为国教之议。鄙人对兹问题，深致骇异。据鄙人观察，宗教是宗教，孔子是孔子，国家是国家：各有范围，不能并作一谈。

请言宗教。上古之世，草昧初开。其民智识浅陋，所见惊奇疑异之事，皆以为出于神意。如人之生也从何来，人之死也从何去，万物之生生而代谢也为之者何人，高山之崔巍，大海之汪洋，雨露之恩泽，雷霆之威严，日月之光华，即下至一草一木，一勺水，一撮土，凡不知其理由者，皆以为有神寓乎其间而崇拜之。此多神教所由起也。其后于经验上发明统一之理，则又以为天地间有大主宰焉：虽大至无外，小至微尘，莫不由其意匠之所造。此一神教之所由起也。既有宗教，而天地间一切疑难勿可解决之问题，皆得藉教义以解答之。且推之于感情方面，而人类疾病死亡痛苦一切不能满足之心虑，皆得于良心上有所慰藉，与之以新生之希望。又推之于行为方面，而福善祸淫，使人人有天堂之歆羡与地狱之恐怖，以去恶而从善。此皆半开化人所信仰之主义，而无不求其主宰于冥冥之中者也。

其后人智日开，科学发达：以星云说明天地之始，以进化论明人类之由来，以引力说原子论明自然界之秩序，而上帝创造世界之说破；以归纳法组织伦理学、社会学等，而上帝监理人类行为之说破。于是旧宗教之主义不足以博信仰。其所余者，祈祷之仪式，僧侣之酬应而已。而人之信仰心，乃渐移于哲学家之所主张。所以各国宪法，均有信仰自由一条，所以解除宗教之束缚也。

不意我国当此时代，转欲取孔子之说以建设宗教。夫孔子之说，教育耳，政治耳，道德耳。其所以不废古来近乎宗教之礼制者，特其从宜从俗之作用，非本意也。季路问事鬼神，曰："未能事人，焉能事鬼？"问死，曰："未知生，焉知死？"是孔子本身对于宗教已不啻自划界限。且宗教之成也，必由其教主自称天使，创立仪式，又以攻击异教为惟一之义务。孔子宁有是耶？孔子自孔子，宗教自宗教：孔子宗教，两不相关。"孔教"二字，当能成一名词耶？

至于国家，乃一政治的团体，以政治为其界限。换言之，即发源于某一土地之人民，于一定土地范围之内，集成一大团体，设立机关，确认相互遵守之约，举任共同信望之人，利行其团体之任务，克达生存之目的云耳。然所谓达其生存之目的云者，乃谓关于身体的，非关于灵魂的；关于世间的，非关于出世间的；关于人类既生以后未死以前之一段的，非关于人类未生以前既死以后的。其与宗教，可谓相反。所以一国之中，不妨有各种宗教；而一宗教之中，可以包含多数国家之人民。既以国家为界，即不复能以宗教为界；既以宗教为界，即不能复以国家为界。换言之，既论国界，即不论教界，故国家不干涉宗教；既论教界，即不论国界,故宗教亦不能干涉国家。国家自国家,宗教自宗教:"国教"二字,尚能成一名词耶?

孔教不成名词,国教亦不成名词,然则所谓"以孔教为国教"者,实不可通之语。鄙见如是,幸诸君教正之。

就任北京大学校长演说词

（一九一七年一月九日）

五年前，严幾道先生为本校校长时，余方服务教育部，开学日曾有所贡献于同校，诸君多自预科毕业而来，想必闻知。士别三日，刮目相见，况时阅数载，诸君较昔当必为长足之进步矣。予今长斯校，请更以三事为诸君告。

一曰抱定宗旨。诸君来此求学，必有一定宗旨，欲求宗旨之正大与否，必先知大学之性质。今人肄业专门学校，学成任事，此固势所必然。而在大学则不然。大学者，研究高深学问者也。外人每指摘本校之腐败，以求学于此者，皆有做官发财思想。故毕业预科者，多入法科，入文科者甚少，入理科者尤少。盖以法科为干禄之终南捷径也。因做官心热，对于教员，则不问其学问之浅深，惟问其官阶之大小。官阶大者，特别欢迎，盖为将来毕业有人提携也。现在我国精于政治者，多入政界，专任教授者甚少，故聘任教员，不得不聘请兼职之人，亦属不得已之举。究之外人指摘之当否，姑不具论。然弭谤莫如自修，人讥我腐败，而我不腐败，问心无愧，于我何损？果欲达其做官发财之目的，则北京不少专门学校，入法科者，尽可肄业法律学堂，入商科者，亦可投考商业学校，又何必来此大学？所以诸君须抱定宗旨，为求学而来。入法科者非为做官，入商科者非为致富。宗旨既定，自趋正轨。诸君肄业于此，或三年，或四年，时间不为不多，苟能爱惜分阴，孜孜求学，则其造诣，容有底止。若徒志在做官发财，宗旨既乖，趋向自异。平时则放荡冶游，考试则熟读讲义；不问学问之有无，惟争分数之多寡；试验既终，书籍束之高阁，毫不顾问；敷衍三四年，潦草塞责；文凭到手，即可藉此活动于社会，岂非与求学初衷大相背驰乎？光阴虚过，学问毫无，是自误也。且辛亥之役，吾人所以革命，因清廷官吏之腐败。即在今日，吾人对于当轴，多不满意，亦以其道德沦胥。今诸君苟不于此时植其基，勤其学，则将来万一生计所迫，出而任事，担任讲席，则必贻误学生；置身政界，则必贻误国家。是误人也。误己误人，又岂本心所愿乎？故宗旨不可以不正大。此余所希望于诸君者一也。

二曰砥砺德行。方今风俗日偷，道德沦丧，北京社会尤为劣恶，败德毁行之事，触目皆是，非根基深固，鲜不为流俗所染。诸君肄业大学，当能束身自爱。然国家之兴替，视风俗之厚薄。流俗如此，前途何堪设想。故必有卓绝之士，以身作则，力矫颓俗。诸君为大学学生，地位甚高，肩此重任，责无旁贷。故诸君不惟思所以感己，更必有以励人。苟德之不修，学之不讲，同乎流俗，合乎污世，己且为人轻侮，更何足以感人？然诸君终日伏首案前，芸芸攻苦，毫无娱乐之事，必感身体上之苦痛。为诸君计，莫如以正当之娱乐，易不正当之娱乐，庶于道德无亏，而于身体有益。诸君入分科时，曾填写愿书，遵守本校规则，苟中道而违之，岂非与原始之意相反乎？故品行不可以不谨严。此余所希望于诸君者二也。

三曰敬爱师友。教员之教授，职员之任务，皆以图诸君求学之便利，诸君能无动于衷乎？至于同学，共处一堂，尤应互相亲爱，庶可收切磋之效。余见欧人购物者，每至店肆，店伙殷勤款待，付价接物，互相称谢。薄物细故，犹恳挚如此，况学术传习之大端乎？对于师友之敬爱，此余所希望于诸君者三也。

余到校任事，仅数日，校事多未详悉。前所计画者二事：

一曰改良讲义。诸君研究高深学问，自与中学高等不同，不惟恃教员讲授，尤赖一己潜修。以后所印讲义，只列纲要，其详细节目，由教师口授后学者自行笔记，并随时参考，以期学有心得，能裨实用。

二曰添购书籍。本校图书馆书籍虽多，新出者甚少。刻拟筹集款项，多购新书，以备教员与学生之参考。今日所与诸君陈说者只此，以后会晤日长，随时再为商榷可也。

在清华学校高等科演说词

（一九一七年三月二十九日）

两种感想 鄙人今日参观贵校，有两种感想：一为爱国心，一为人道主义。溯贵校之成立，远源于庚子之祸变。吾人对于往时国际交涉之失败，人民排外之蠢动，不禁愧耻，而油然生爱国之心，一也。美国以正义为天下倡，特别退还赔款，为教育人才之用，吾人因感其诚而益信人道主义之终可实现，二也。此二感想，同时涌现于吾心中。夫国家主义与人道主义，初若不相容者。如国家自卫，则不能不有常设之军队。而社会之事业，若交通，若商业，本以致人生之乐利。乃因国界之分，遂反生种种障碍，种种垄断。且以图谋国家生存国力发展之故，往往不恤以人道为牺牲。欧洲战争，是其著例。吾人对于现在国家之组织，断不能云满意，于是学者倡无政府主义，欲破坏政府之组织，以个人为单位，以人道为指归。国家主义与世界主义之不相容，盖如此矣。而何以在贵校所得之二感想，同时盘旋于吾心中？岂非以今日为两主义过渡之时代，吾人固同具此爱国心与人道观念欤？国家主义与世界主义之过渡，求之事实而可征。今日世界慈善事业，若红十字会等组织，已全泯国界。各国工会之集合，亦以人类为一体。至思想学术，则世界所公，本无国别，凡此皆日趋大同之明证。将来理想之世界，不难推测而知矣。盖道德本有三级：(一)自他两利；(二)虽不利己而不可不利他；(三)绝对利他，虽损己亦所不恤。人与人之道德有主张绝对利他，而今之国际道德，止于自他两利。故吾人不能不同时抱爱国心与人道主义。惟其为两主义过渡之时代，故不能不调剂之，使不相冲突也。

对于清华学生所希望　吾人之教育，亦为适应此时代之预备。清华学生，皆欲求高深之学问于国外，对于此将来之学者，尤不能无特别之希望，故更贡数言如下：

一曰发达个性　分工之理在以己之所长，补人之所短，而人之所长，亦还以补我之所短。故人类分子，决不当尽归于同化，而贵在各能发达其特性。吾国学生游学他国者，不患其科学程度之不若人，患其模仿太过而消亡其特性。所谓特性，即地理、历史、家庭、社会所影响于人之性质者是已。学者言进化最高级为各具我性，次则各具个性。能保我性，则所得于外国之思想言论学术，吸收而消化之，尽为"我"之一部，而不为其所同化。否则留德者，为国内增加几辈德人，留法者留英者，为国内增加几辈英人法人。夫世界上能增加此几辈有学问有德行之德人、英人、法人，宁不甚善？无如失其我性为可惜也。往者学生出外，深受激刺，其有毅力者，或缘之而益自发愤，其志行稍薄弱者，即弃捐其"我"而同化于外人。所望后之留学者，必须以我食而化之，而毋为彼所同化。学业修毕，更遍游数邦，以尽吸收其优点，且发达我特性也。

二曰信仰自由　吾人赴外国后，见其人不但学术政事优于我，即品行风俗亦优于我，求其故而不得，则曰是宗教为之。反观国内，黑暗腐败，不可救疗，则曰是无信仰为之。于是或信从基督教，或以中国不可无宗教，而又不愿自附于耶教，因欲崇孔子为教主，皆不明因果之言也。彼俗化之美，仍由于教育普及，科学发达，法律完备。人人于因果律知之甚明，何者行之而有利，何者行之而有害，辨别之甚析，故多数人率循正轨耳。于宗教何与？至于社会上一部分之黑暗，何国蔑有，不可以观察未周而为悬断也。质言之，道德与宗教，渺不相涉。故行为不能极端自由，而信仰则不可不自由。行为之标准，根于习惯；习惯之中，往往有并无善恶是非之可言，而社交上不能不率循之者。苟无必不可循之理由，而故与违反，则将受多数人无谓之嫌忌，而我固有之目的，将因之而不得达。故入境问禁，入国问俗，不能不有所迁就。此行为之不能极端自由也。若夫信仰则属之吾心，与他人毫无影响，初无迁就之必要。昔之宗教，本初民神话创造万物末日审判诸说，不合科学。在今日信者盖寡。而所谓与科学不相冲突之信仰，则不过玄学问题之一假定答语。不得此答语，则此问题终梗于吾心而不快。吾又穷思冥索而不得，则且于宗教哲学之中，择吾所最契合之答语，以相慰藉焉。孔之答语可也，耶之答语可也，其他无量数之宗教家、哲学家之答语亦可也。信仰之为用如此。既为聊相慰藉之一假定答语，吾必取其与我最契合者，则吾之抉择有完全之自由，且亦不能限于现在少数之宗教。故曰，信仰期于自由也。明乎此，则可以勿眩于习闻之宗教说矣。

三曰服役社会　美洲有取缔华工之法律，虽由工价贱，而美工人不能与之竞争，致遭摒斥，亦由我国工人知识太低，行为太劣，而有以自取其咎。唐人街之腐败，久为世所诟病。留学生对于此不幸之同胞，有补救匡正之天职。欧洲留学界已有行之者，如巴黎之俭学会,对于法国召募华工,力持工价与法人平等,及工人应受教育之议。俭学会并设一华工学校授工人以简易国文、算术及法语,又刊"华工杂志",用白话撰述,别附中法文对照之名词短语,以牖华工之知识。英国留学生亦有同样之事业,其所出杂志,定名"工读"。是皆于求学之暇,为同胞谋幸福者也。美洲华工,其需此种扶助尤急,而商人巨贾,不暇过问,惟待将来之学者急起图之耳。贵校平日对于社会服役,提倡实行,不遗余力,如校役夜课及通俗演讲等,均他校所未尝有。窃望常抱此主义,异日到美后推行于彼处之华工,则造福宏矣。

以美育代宗教说

——在北京神州学会演说词

（一九一七年四月八日）

兄弟于学问界未曾为系统的研究，在学会中本无可以表示之意见。惟既承学会诸君子责以讲演，则以无可如何中，择一于我国有研究价值之问题，为到会诸君一言，即"以美育代宗教"之说是也。

夫宗教之为物，在彼欧西各国，已为过去问题。盖宗教之内容，现皆经学者以科学的研究解决之矣。吾人游历欧洲，虽见教堂棋布，一般人民亦多入堂礼拜，此则一种历史上之习惯。譬如前清时代之袍褂，在民国本不适用，然因其存积甚多，毁之可惜，则定为乙种礼服而沿用之，未尝不可。又如祝寿、会葬之仪，在学理上了无价值，然戚友中既以请帖讣闻相招，势不能不循例参加，藉通情愫。欧人之沿习宗教仪式，亦犹是耳。所可怪者，我中国既无欧人此种特别之习惯，乃以彼邦过去之事实作为新知，竟有多人提出讨论。此则由于留学外国之学生，见彼国社会之进化，而误听教士之言，一切归功于宗教，遂欲以基督教劝导国人。而一部分之沿习旧思想者，则承前说而稍变之，以孔子为我国之基督，遂欲组织孔教，奔走呼号，视为今日重要问题。自兄弟观之，宗教之原始，不外因吾人精神作用而构成。吾人精神上之作用，普通分为三种：一曰知识；二曰意志；三曰感情。最早之宗教，常兼此三作用而有之。盖以吾人当未开化时代，脑力简单，视吾人一身与世界万物，均为一种不可思议之事。生自何来？死将何往？创造之者何人？管理之者何术？凡此种种，皆当时之人所提出之问题，以求解答者也。于是有宗教家勉强解答之。如基督教推本于上帝，印度旧教则归之梵天，我国神话则归之盘古。其他各种现象，亦皆以神道为惟一之理由。此知识作用之附丽于宗教者也。且吾人生而有生存之欲望，由此欲望而发生一种利己之心。其初以为非损人不能利己，故恃强凌弱，掠夺攫取之事，所在多有。其后经验稍多，知利人之不可少，于是有宗教家提倡利他主义。此意志作用之附丽于宗教者也。又如跳舞唱歌，虽野蛮人亦皆乐此不疲；而对于居室雕刻图画等事，虽石器时代之遗迹，皆足以考见其爱美之思想。此皆人情之常，而宗教家利用之以为诱人信仰之方法。于是未开化人之美术，无一不与宗教相关联。此又情感作用之附丽于宗教者也。天演之例，由浑而画。当时精神作用至为浑沌，遂结合而为宗教。又并无他种学术与之对，故宗教在社会上遂具有特别之势力焉。

迨后社会文化，日渐进步，科学发达，学者遂举古人所谓不可思议者，皆一一解释之以科学。日星之现象，地球之缘起，动植物之分布，人种之差别，皆得以理化博物人种古物诸科学证明之。而宗教家所谓吾人为上帝所创造者，从生物进化论观之，吾人最初之始祖，实为一种极小之动物，后始日渐进化为人耳。此知识作用离宗教而独立之证也。宗教家对于人群之规则，以为神之所定，可以永久不变，然希腊诡辩家，因巡游各地之故，知各民族之所谓道德，往往互相抵触，已怀疑于一成不变之原则。近世学者据生理学、心理学、社会学之公例以应用于伦理，则知具体之道德不能不随时随地而变迁；而道德之原理，则可由种种不同之具体者而归纳以得之；而宗教家之演绎法，全不适用。此意志作用离宗教而独立之证也。

　　知识、意志两作用，既皆脱离宗教以外，于是宗教所最有密切关系者，惟有情感作用，即所谓美感。凡宗教之建筑，多择山水最胜之处，吾国人所谓天下名山僧占多，即其例也。其间恒有古木名花，传播于诗人之笔，是皆利用自然之美以感人者。其建筑也，恒有峻秀之塔，崇闳幽邃之殿堂，饰以精致之造象，瑰丽之壁画，构成黯淡之光线，佐以微妙之音乐。赞美者必有著名之歌词，演说者必有雄辩之素养，凡此种种，皆为美术作用，故能引人入胜。苟举以上种种设施而屏弃之，恐无能为役矣。然而美术之进化史，实亦有脱离宗教之趋势。例如吾国南北朝著名之建筑，则伽蓝耳；其雕刻，则造像耳；图画，则佛像及地狱变相之属为多；文学之一部分，亦与佛教为缘。而唐以后诗文，遂多以风景人情世事为对象；宋元以后之图画，多写山水花鸟等自然之美。周以前之鼎彝，皆用诸祭祀。汉唐之吉金，宋元以来之名瓷，则专供把玩。野蛮时代之跳舞，专以娱神；而今则以之自娱。欧洲中古时代留遗之建筑，其最著者率为教堂；其雕刻图画之资料，多取诸新旧约；其音乐则附丽于赞美歌；其演剧亦排演耶稣故事，与我国旧剧"目连救母"相类。及"文艺复兴"以后，各种美术，渐离宗教而尚人文。至于今日，宏丽之建筑，多为学校、剧院、博物院；而新设之教堂，有美学上价值者，几无可指数。其他美术，亦多取资于自然现象及社会状态。于是以美育论，已有与宗教分合之两派。以此两派相较，美育之附丽于宗教者，常受宗教之累，失其陶养之作用，而转以激刺感情。盖无论何等宗教，无不有扩张己教、攻击异教之条件。基督教与回教冲突，而有十字军之战，几及百年。基督教中又有新旧教之战，亦亘数十年之久。至佛教之圆通，非他教所能及。而学佛者苟有拘牵教义之成见，则崇拜舍利受持经忏之陋习，虽通人亦肯为之。甚至为护法起见，不惜于共和时代，附和帝制。宗教之为累，一至于此，皆激刺感情之作用为之也。

鉴激刺感情之弊，而专尚陶养感情之术，则莫如舍宗教而易以纯粹之美育。纯粹之美育，所以陶养吾人之感情，使有高尚纯洁之习惯，而使人我之见，利己损人之思念，以渐消沮者也。盖以美为普遍性，决无人我差别之见能参入其中。食物之入我口者，不能兼果他人之腹；衣服之在我身者，不能兼供他人之温；以其非普遍性也。美则不然。即如北京左近之西山，我游之，人亦游之；我无损于人，人亦无损于我也。隔千里兮共明月，我与人均不得而私之。中央公园之花石，农事试验场之水木，人人得而赏之。埃及之金字塔、希腊之神祠、罗马之剧场，瞻望赏叹者若干人，且历若干年而价值如故。各国之博物院，无不公开者，即私人收藏之珍品，亦时供同志之赏览。各地方之音乐会、演剧场，均以容多数人为快。所谓独乐乐不如人乐乐，与寡乐乐不如与众乐乐，以齐宣王之惛，尚能承认之。美之为普遍性可知矣。且美之批评，虽间亦因人而异，然不曰是于我为美而曰是为美。是亦以普遍性为标准之一证也。

美以普遍性之故，不复有人我之关系，遂亦不能有利害之关系。马牛，人之所利用者；而戴嵩所画之牛，韩幹所画之马，决无对之而作服乘之想者。狮虎，人之所畏也；而芦沟桥之石狮，神虎桥之石虎，决无对之而生搏噬之恐者。植物之花，所以成实也，而吾人赏花，决非作果实可食之想。善歌之鸟，恒非食品。灿烂之蛇，多含毒液。而以审美之观念对之，其价值自若。美色，人之所好也；对希腊之裸像，决不敢作龙阳之想；对拉飞尔若鲁滨司之裸体画，决不敢有周昉秘戏图之想。盖美之超绝实际也如是。且于普通之美以外，就特别之美而观察之，则其义益显。例如崇宏之美，有至大至刚两种。至大者，如吾人在大海中，惟见天水相连，茫无涯涘。又如夜中仰数恒星，知一星为一世界，而不能得其止境，顿觉吾身之小虽微尘不足以喻。而不知何者为所有。其至刚者，如疾风震霆，覆舟倾屋，洪水横流，火山喷薄，虽拔山盖世之气力，亦无所施，而不知何者为好胜。夫所谓大也，刚也，皆对待之名也。今既自以为无大之可言，无刚之可恃，则且忽然超出乎对待之境，而与前所谓至大至刚者胼合而为一体，其愉快遂无限量。当斯时也，又岂尚有利害得丧之见能参入其间耶？其他美育中如悲剧之美，以其能破除吾人贪恋幸福之思想。《小雅》之怨悱，屈子之离忧，均能特别感人。《西厢记》若终于崔张团圆，则平淡无奇；惟如原本之终于草桥一梦，始足发人深省。《石头记》若如《红楼后梦》等必宝黛成婚，则此书可以不作。原本之所以动人者，正以宝黛之结果一死一亡，与吾人之所谓幸福全然相反也。又如滑稽之美，以不与事实相应为条件。如人物之状态，各部分互有比例。而滑稽画中之人物，则故使一部分特别长大或特别短小。作诗则故为不谐之声调。用字则取资于同音异义者。方朔割肉以遗细君，不自责而反自夸。优旃谏漆城，不言其无益，而反谓漆城荡荡，寇来不得上。皆与实际不相容，故令人失笑耳。要之，美学之中，其大别为都丽之美，崇宏之美（日本人译言优美、壮美）。而附丽于崇闳之悲剧，附丽于都丽之滑稽，皆足以破人我之见，去利害得失之计较。则其所以陶养性灵，使之日进于高尚者，固已足矣。又何取乎侈言阴骘，攻击异派之宗教，以激刺人心，而使之渐丧其纯粹之美感为耶？

中国大学四周年纪念演说词

（一九一七年四月二十九日）

今日为中国大学成立四周年纪念之期，又更名纪念会之期，及专门部、中学科举行毕业式之期，关系最为重要。鄙人不敏，聊贡数言。今日鄙人来此地方，生有一种感想，因中国大学与他校不同，实具有一种特性。此种特性，实与社会及吾人大有关系。吾人自出生以至于死，可分三时期：第一预备时期，即幼年。第二工作时期；即壮年。第三休息时期，即老年。良以社会既予吾人以大利益，则吾人不可不预备代价，以为交换之具。吾人所受社会之利益，与同人缔有债务契约无异，既欠人债，即不能不想还债。故少年预备时期，亦即为少年欠债时期；而工作时期，即为中年还债时期。然吾人一至中年，即距老年不远，故不能不储蓄，以为第三期休息之预备。而老年人苟有能力，仍为社会服务，不过不及壮年之多耳，止可谓之半息，而不能谓之全息。尝见外国之实业家、教育家、著作家，老而治事，至死后已，即此义也。吾人在校肄业，即为预备及欠债时期；毕业即入还债时期矣。专门部诸君，今日毕业，明日在社会即担任有还债之义务；换言之，即是脱离第一时期，而入第二之工作时期。虽中学科毕业之后，有入大学部或专门部深造者，然亦有在社会作事者。在社会上作事，亦是入于工作时期。故吾人一生，实以第二时期为最重要。

然此种工作,亦不能不有预备。此种预备有二:一、材料之预备,如学生之课程是也。二、能力之预备,即以学校为锻炼吾人体力脑力之助,又以职教员之训练及其所授于吾人之模范为修养之助。中国大学职教员,有两种特性,而又为吾人模范者:

一、坚忍心,如学科之编制,及经费之筹备。中国大学之成立,固已四年于兹。然此四年之中,艰难困苦,实已备尝。在创办者原想设立一完全大学,故有大学预科之编制。然大学年限过长,设备又须完全,而校中经费,诸多支绌,故又不能不退一步而有专门部之编制。此种事务,如在他人,必畏难而不办矣。然中国大学之职教员,则虽艰难困苦备尝,而其初心不少更易。暂时,固因经费支绌之关系,而不能大遂所志,但总希望完全办到。故中国大学职教员之坚忍心,可谓吾人模范也。

二、即本校职教员富有义务心,即责任心。何以见之?各教职员有兼任两校功课者,若因甲校之报酬较乙校为厚,遂勤于甲校而怠于乙校,其鄙陋之心,影响于学生最大。而中国大学之职教员,则绝无此状;虽因本校经费支绌,报酬较薄,而训导学生,勤恳无比。其义务心尤足为吾人模范也。是以中国大学毕业诸生,多杰出之才,实校中教职员兼有以上两种特性有以成之。

今则毕业诸生,已入工作时期,以后服务社会,应守母校之模范,历久勿失,莫惧艰难,莫忧烦琐,一以坚忍耐劳出之,无不成者。且勿以毕业生自负,一经任事,先计报酬。试思我国经济,困难已极,人人以报酬为先务,势必穷于供给,而各事将无人过问。毕业诸生，当明斯理。以后处世，即使毫无权利，则义务亦在所应尽。以义务为先，毋以权利为重，庶足符母校之精神矣。鄙人际兹盛会，无任欢忻，谨竭诚祝曰：中国大学万岁！中国大学毕业诸生万岁！

在北京留法俭学会预备学校开学式演说词

（一九一七年五月二十七日）

今天留法俭学会预备学校行开学式，鄙人愿为诸君略陈同人所以组织斯会与建设斯校之用意。

盖世界动力之公例，常趋于力简而效速之方向。自然现象，两点之间，以直线为最短。故物体之下坠，光线之注射，苟非有特别阻力，必循直线而进行。社会之状态亦然。取火之法，自钻燧而击石以至于火柴；交通之法，由推轮而大辂以至于汽车，其用力愈简，其收效愈速，人故乐用之。人类进化之速率，远过于他种动物者，恃乎能学。使吾人生而在一未开辟之孤岛，如鲁滨逊然，则吾人虽终身劳动，亦仅仅能维持原人之生活而已。今在开化社会，前人之所经验，悉以其成效留贻吾人，使吾人得据以为较进之研究，而有较新之发明。如是吾人其所致力，或仅及前人，或且不及前人，而所得之效果，乃转视前人为胜，恃有学也。

顾吾国固有学校矣，何以本会必劝人游学于外国？是亦有故。吾国学校之数，尚不足满愿学者之需。小学毕业者，或欲受中等教育而不得；中学毕业者，或欲受高等教育而不得，一也。吾国各学校之设备，尚不完全，亦不能悉得适当之教员；毕业之学生，仍不能与外国同等学校毕业生相较，二也。学校以外之设备，如藏书楼、博物院、动植物园、农场、工厂之属，吾国多未建设，不足以供学者之实习而参考，有事倍功半之虑，三也。故吾人不能不劝人游学。

顾吾国游学之风，自曾文正派遣华童百人赴美留学以来，各著名之国，几无不有我国留学生者，同人独提倡留法何故？曰：同人均经留法，于法国教育界适宜吾国学生之点，知之较详，则举所知以介绍于国人。其他留美留德诸君，各介绍其所知，并行不悖，一也。同人之意，以为绅民阶级、政府万能、宗教万能等观念，均足为学问进步之障碍。所留学之国，苟有此种习惯，亦未始无影响于吾国之留学生。惟法国独无此种习惯，二也。欧美各国，生活程度均高，率非自费生所能堪。法国自巴黎以外，风气均极俭朴，其学校之不收学费，及所取膳宿费极廉者，所在多有。得以最俭之费用，求正当之学术，三也。吾国人恒言各国科学程度以德人为最高。同人所见，法人科学程度，并不下于德人。科学界之大发明家，多属于法。德人则往往取法人所发明而更为精密之研究。故两国学者谓之各有所长则可，谓之一优一劣则不可。吾国学者颇有研究之耐心，而特鲜发明之锐气，尤不可不以法人之所长补之，四也。

至于留学法国，何以必用俭学之法？则因普通留法学生，率循每月四百佛郎之例；而自费生中能出此费者盖寡；即使能出此费，而用俭学法每月仅费一百佛郎，即可以其余三百佛郎供其他三学生之用，费少而成学益多。且不俭之学者，易驰心于外务，以耗其学力；律之以俭，而学益专。此则本会提倡俭学之意也。

至本会所以必设预备学校者，以到法之时，苟于最浅法语，尚未涉及，则起居饮食，诸多不便。又依入境问禁、入国问俗之义，能于未入彼国以前，略谙彼国风习，必有便利之处。又在法虽云至俭，一年尚须费五六百元，而在本国则在三分之一以下。于预备学校中耗至少之费，而可以得入法时必需之知识，亦计之得者也。本会并已商订同志，于预备学校课程以外，为定期之演讲，将以国语演述学理，而随时写示法语中之专门名词，亦足为到法后读专门书之预备也。

凡同人之所以组织斯会及斯校者，均以力简而效速之主义为准如是。至预备学校之创设，实始于民国元年。其时教育部曾拨借方家胡同一校舍；二年，部中欲以校舍供京师图书馆之用，本校始迁四川会馆；未几，因不堪袁政府之干涉而停办。今幸得民国大学诸君之赞成，而得在此开学，同人深所感谢。适京师图书馆有移往午门之筹备，本会已呈请教育部仍以方家胡同校舍拨归本会。俟迁入方家胡同后，本会并拟于预备学校以外，更组织一华法中小学校，按部定中小校令及规程办理，而外国语则用法语。毕业者或进本国大学，或赴法留学，均形便利。此又本会已定之计画，可以报告于诸君者也。

北京大学二十周年纪念会演说词

（一九一七年十二月十七日）

本校有二十五周年纪念会之预备，拟出大丛刊三种，业已宣布于日刊。至此次二十周年之纪念会，则临时由学生数人发起，不能多有所点缀。惟有今日之演说会，及预备补刊一纪念册而已。忆鄙人游学德国时，曾遇大学纪念会两次：一、来比锡大学之五百年纪念会，二、柏林大学之百年纪念会也。其间布置，大同小异，不外乎印刷品、演讲会、曩演大学历史之巡游队、晚餐会等而已。而时过境迁，所遗留者亦仅有印刷品，及记述之演说词耳。然则本校此次以演说会及纪念册为点缀，亦不必有何等不满足之感也。抑鄙人犹有感者，进化之例，愈后而速率愈增。柏林大学之历史。视来比锡大学不过五分一之时间，而发达乃过之。盖德国二十余大学中，以教员资格（偶有例外）、学生人数及设备完密等事序次之，柏林大学第一，门兴大学第二，而来比锡大学第三也。柏林为全国政治之中心，门兴为全国文学美术之中心，故学校之发达较易也。本校二十年之历史，仅及柏林大学五分之一，来比锡大学二十五分之一，苟能急起直追，何尝不可与为平行之发展。惜我国百事停滞不进，未能有此好现象耳。惟二十年中校制之沿革，乃颇与德国大学相类。盖德国初立大学时，本以神学、法学、医学三科为主，以其应用最广，而所谓哲学者，包有吾校文理两科及法科中政治经济等学，实为前三科之预备科。盖兴学之初，目光短浅，重实用而轻学理，人情大抵如此也。十八世纪以后，学问家辈出，学理一方面逐渐发达。于是哲学一科，遂驾于其他三科之上，而为大学中最重要之部分。近年弗朗福脱新设之大学，遂不设神学科矣。本校当二十年前创设时，仅有仕学、师范两馆，专为应用起见。其后屡屡改革，始有八科之制，即经学、政法、文学、格致、选科、农科、工科、商科是也。民国元年，始并经科于文科，与德国新大学不设神学科相类。本年改组，又于文、理两科特别注意，亦与德国大学哲学科之发达相类。所望内容以渐充实，能与彼国之柏林大学相颉颃耳。

今日承前教育总长范静生先生莅会，范先生为本校创立时之职员，而本年对于大学改组之议，极端赞同，今日已允演说，必能饷吾等以宏论。又本校王长信学长及胡千之、章行严、陶孟和三教授，均有演说，而学生诸君，亦有代表一人，发布其意见，必皆有纪念之价值，谨先为介绍。

北京大学之进德会旨趣书

（一九一八年一月十九日）

今人恒言：西方尚公德，而东方尚私德；又以为能尽公德，则私德之出入，曾不足措意，是误会也。吾人既为社会之一分子，分子之腐败，不能无影响于全体。如疾疫然，其传染之广，往往出人意表。昔仪狄作酒，禹饮而甘之，曰："后世必有以酒亡其国者。"遂疏仪狄而绝旨酒。司马迁曰："夏之亡也以妹喜，殷之亡也以妲己。"子反湎于酒而楚以败。拿破仑惑于色而普鲁士之军国主义以萌。私德不修，祸及社会，诸如此类，不可胜数。又如吾国五六年来，政治界、实业界之腐败，达于极端。而祸变纷乘，浸至亡国者，宁非由于少数当局骄奢淫佚之余，不得已而出奇策以自救，遂不惜以国家为牺牲与？《易》曰："善不积，不足以成名；恶不积，不足以灭身；勿以小善为无益而弗为也，勿以小恶为无伤而为之。"鄙人二十年前，鉴于吾国谈社会主义者之因以自便，名为提倡，实增阻力，因言"惟于交际之间一介不苟者，夫然后可以言共产；又惟男女之间一毫不苟者，夫然后可以言废婚姻"（见《民国野史》乙编《蔡孑民事略》），正此意也。民国元年，吴稚辉、李石曾、汪精卫诸君，发起进德会于上海。会员别为三等：持不赌、不嫖、不娶妾三戒者，为甲等会员；加以不作官吏、不吸烟、不饮酒三戒，为乙等会员；又加以不作议员、不食肉，为丙等会员。当时论者颇以不作官吏不作议员二条为疑。然题名入会为甲等会员者踵相接矣。未几，鄙人以事由海道北行，同行者三十余人，李汪二君亦与焉。舟中或提议进德会事，自李汪二君外，同行者率皆当时之官吏若议员，群以官吏议员两戒为不便。乃去此两戒，别组一会，即以同舟之三十余人为发起人，而宋遁初君提议名为"六不会"，众赞成之。又同时发起一"社会改良社"，所揭著者凡三十六条，第一曰不狎妓，第二曰不置婢妾，第十九曰不赌博，第二十九条曰戒除伤生耗财之嗜好，犹六不会意也。其后为政潮所激荡，"六不会"若"社会改良社"之发起人，次第星散，未及进行；而进德会之新分子，则闲见于上海之报纸焉。

北京自袁政府时代，买收议员，运动帝制，攫全国之公款，用之如泥沙，无所顾惜，则狂赌狂嫖，一方面驱于侥幸之心，一方面且用为钻营之术。谬种流传，迄今未已。鄙人归国以后，先至江浙各省，见夫教育实业各界，凡崭然现头角者，几无不以嫖赌为应酬之具，心窃伤之。比抵北京，此风尤甚。尤可骇者，往昔昏浊之世，必有一部分之清流，与敝俗奋斗，如东汉之党人，南宋之道学，明季之东林。风雨如晦，鸡鸣不已。而今则众浊独清之士，亦且踽踽独行，不敢集同志以矫末俗，洵千古未有之现象也。曾于南洋公学同学会（中央公园）及译学馆校友会（江西会馆）中，提议以嫖赌娶妾三戒编入会章，闻者未之注意也。其后见社会实进会规则，有此三戒；而雍君所发起之社会改良会，则专以此三者为条件。吾道不孤，助以张目。惜其影响偏于一隅。既承乏北京大学，常欲以南洋同学会、译学馆校友会所提议而未行者，试之于此二千人之社会。会一年来鞅掌于大体之改革，未遑及此。今改组之议，业已实行。而内部各方面之组织，若研究所、若教授会之属；体育会、书画研究会之属；银行、消费公社之属，皆次第进行。而进德会之问题，遂亦应时势之要求，而不能不从事矣。会中戒律，如嫖、赌、娶妾三事，无中外，无新旧，莫不认为不德，悬为厉禁，谁曰不然。官吏议员二戒，在普通社会或以为疑，而大学则当然有此（法科毕业生例外），教育者，专门之业；学问者，终身之事。委身学校而萦情部院，用志不纷之谓何？且或在学生时代，营营于文官考试、律师资格，而要求提前保送，此其躁进与科举时代之通关节何异？言之可为痛心！古谚曰："人不婚宦，情欲失半。"加特力教之神父，佛教之僧侣，例不婚娶；西洋大学问家，亦有持独身主义者。不婚尚可，不宦何难？至于烟、酒、肉食三戒，其贻害之大，虽不及嫖赌娶妾，其纷心之重，亦不及官吏议员，然而卫生味道之乐，亦恒受其障碍，故并存之。春秋三世之义，治起于衰乱之中，用心尚粗觕，及历升平而至太平，用心乃深而详，故崇仁义讥二名。今仿其例，而重定进德会之等第如下：

甲种会员　不嫖，不赌，不娶妾。

乙种会员　于前三戒外，加不作官吏，不作议员二戒。

丙种会员　于前五戒外，加不吸烟，不饮酒，不食肉三戒。

入会之条件：

（一）题名于册，并注明愿为某种会员。

（二）凡题名入会之人，次第布诸日刊。

（三）本会不咎既往。《传》曰："人谁无过，过而能改，善莫大焉。"袁了凡曰："从前种种，譬如昨日死；以后种种，譬如今日生。"凡本会会员，入会以前之行为，本会均不过问（如已娶之妾亦听之)。同会诸人,均不得引以为口实。惟入会以后,于所认定之戒律有犯者罚之。

(四)本会俟成立以后,当公定罚章,并举纠察员若干人执行之。

入会之效用:

(一)可以绳己。谚曰:"从善如登,从恶如崩。"吾国人在乡里多谨饬,而一到都会租界,则有放荡者。欧美人在本国多谨饬,而一到外国,则亦有放荡者。社会之制裁,有及有不及也。今以本会制裁之,庶不至于自放。

(二)可以谢人。欧美之学者、官吏、商人,均视嫖、赌、娶妾为畏途;偶有犯者,均讳莫如深。而我则狎妓征优,文人以为韵事;看竹寻芳,公然著之柬帖。官吏商贾,且以是为联络感情之一端。苟非画定范围,每苦无以谢人。今以本会为范围,则人有以是等相鬻者,径行拒绝,亦不致有伤感情。

(三)可以止谤。《语》曰:"止谤莫如自修。"吾北京大学之被谤也久矣。两院一堂也,探艳团也,某某等公寓之赌窟也,俸坤角也,浮艳剧评花丛趣事之策源地也,皆指一种之团体而言之。其他攻讦个人者,更不可以搂指计。果其无之,则礼义不愆,何恤于人言。然请本校同人一一自问,种种之谤,即有言之已甚者,其皆无凶而至耶?既有此因,则正赖有此谤以提撕吾人,否则沦胥以铺耳!不去其因而求弭谤,犹急行而避影也。其又何益?今以本会为保障,苟人人能守会约,则谤因既灭,不弭谤而自弭。其或未灭,则造因之范围愈狭,而求之不难尽多数之力以灭之,岂无望耶?

北京大学校役夜班开学式演说

（一九一八年四月十四日）

校役夜课，各学校早有行之者。本校开办已二十年，至今日而始能开学，实为抱歉之事。在常人之意，以学校为学生而设，与校役何涉。不知一种社会，无论小之若家庭，若商店，大之若国家，必须此一社会之各人皆与社会有休戚相关之情状，且深知此社会之性质，而各尽其一责任。故无人不当学，而亦无时不当学也。诸位看我年纪，已亦不小，事情亦颇忙，然我当有暇时，尚不废学。本校职员，皆自励于学，学生，则职员助之为学。惟诸位独无就学之机会，未免偏枯。此所以有夜课之设，而且今日特举此郑重之开学式也。

我以为夜课之有益于诸位者有二：（一）有益于现在之地位。诸位现在所任之事，或在教室，或在图书馆，或在庶务处。能书能算，则于送信购物等事，不致误会；略涉理科，则于搬运仪器，检收药品之事，可有把握；略解外国语，则于外国教员，或来宾之往来，易于应对；且略知修身大义，则于卫生之道，勤勉诚实之行，皆能心知其意，而切实行之，必不至有不正之行，取非分之财，亦将不至因境遇之不如人，而酿成神经病。（二）有益于他种职业之预备。在校之人，既人人与本校休戚相关，自愿其永久在校任事。然事变无常，或以校务之改变，或以本人境遇之关系，有不能不离校者，若仅恃前清时代公馆中门房打杂之普通技能以应，也恐人浮于事，难得相当位置。今受此夜课之教育，知书算则可应用于商店；知理科大意，则改习农工各业，易于见长；若于性之所近，力求进步，亦未尝不可成为学者，为乡村学校教师。此皆有益于诸位者也。故学生诸君，特以就学之暇，为诸位担任教科，他人为诸位尚热心如此，诸位自己对于切身之事，岂不更宜热心？本校开办夜课之始，不能不特设奖励及惩戒之例，以防流弊。然终望诸位人人勤奋，使惩奖之例，竟可废撤，则尤我之所希望也。

北京大学画法研究会旨趣书

（一九一八年四月十五日）

科学、美术，同为新教育之要纲，而大学设科，偏重学理，势不能编入具体之技术，以侵专门美术学校之范围。然使性之所近，而无实际练习之机会，则甚违提倡美育之本意。于是由教员与学生各以所嗜特别组织之，为文学会、音乐会、书法研究会等，既次第成立矣。而画法研究会，因亦继是而发起。既承本校教员李毅士、钱稻孙、贝季美、冯汉叔诸先生之赞同，复承校外名家陈师曾、贺履之、汤定之、徐悲鸿诸先生之指导，会议数次，遂成立简章如左。

所欲请诸会员注意者，画有雅俗之别，所谓雅者谓志趣高尚，胸襟潇洒，则落笔自殊凡俗，非谓不循规矩，随意涂抹，即是以标异于庸俗也。本会画法，虽课余之作，不能以专门美术学校之成例相绳。然既有志研究，且承专门导师之督率，不可不以研究科学之精神贯注之。庶数年以后，成绩斐然，不负今日组织斯会之本意，与诸导师热心提倡之盛意焉。

新教育与旧教育之歧点
——在天津中华书局"直隶全省小学会议欢迎会"演说
（一九一八年五月）

今日承京津中华书局代表之招，得与诸先生晤言一堂，不胜荣幸。中华书局为供给教育资料之机关，诸君子皆有实施教育之职务，今日所相与讨论者，自然为教育问题。鄙人于小学教育，既未有经验，又于直隶省教育情形，未有所考察，不能为切实之贡献，谨以平日对于教育界之普通感想，质之于诸先生。

夫新教育所以异于旧教育者，有一要点焉：即教育者，非以吾人教育儿童，而吾人受教于儿童之谓也。吾国之旧教育，以养成科名仕宦之材为目的。科名仕宦，必经考试；考试必有诗文；欲作诗文，必不可不识古字，读古书，记古代琐事。于是先之以《千字文》《神童诗》《龙文鞭影》《幼学须知》等书，进之以《四书五经》，又次则学为八股文、五言八韵诗；其他若自然现象，社会状况，虽为儿童所亟欲了解者，均不得阑入教科，以其与应试无关也。是教者预定一目的，而强受教者以就之；故不问其性质之动静，资禀之锐钝，而教之止有一法，能者奖之，不能者罚之；如吾人之处置无机物然，石之凸者平之，铁之脆者煅之；如花匠编松柏为鹤鹿焉；如技者教狗马以舞蹈焉；如凶汉之割折幼童，而使为奇形怪状焉；追想及之，令人不寒而栗。新教育则否，在深知儿童身心发达之程序，而择种种适当之方法以助之。如农学家之于植物焉，干则灌溉之，弱则支持之，畏寒则置之温室，需食则资以肥料，好光则覆以有色之玻璃；其间种类之别，多寡之量，皆几经实验之结果，而后选定之；且随时试验，随时改良，决不敢挟成见以从事焉。故治新教育者，必以实验教育学为根柢。实验教育学者，欧美最新之科学，自实验心理学出，而尤与实验儿童心理学相关。其所试验者，曰感觉之阈，曰感觉之分别界，曰空间与时间之表象，曰反射，曰判断，曰注意力，曰同化作用，曰联想，曰意志之阅历，曰统觉，凡一切心理上之现象皆具焉。其试验之也或以仪器，或以图画，或以言语，或以文字；其所为比较者，或以年龄，或以男女之别，或以外界一切之关系，或以祖先之遗传性，因而得种种普通之例，亦即因而得种种差别之点。虽今日尚未达完全之域，然研究所得，视昔之纯凭臆测者，已较有把握矣。

因而知教育者，与其守成法，毋宁尚自然，与其求画一，毋宁展个性。请举新教育之合于此主义者数端。一曰托尔斯泰（Tolstoj）之自由学校。其建设也，尚在实验教育学未起以前，乃本卢梭裴斯、泰洛齐、弗罗、贝尔等之自然主义而推演之者；其学生无一定之位置，或坐于橙，或登于棹，或伏于窗槛，或踞于地板，惟其所欲；其课程亦无定时，惟学生之愿，常以种种对象间厕而行之；其教授之形式，惟有问答。闻近年比利时亦有此种学校，鄙人欲索其章程，适欧战起，比为德所据，不可得矣。二曰杜威（Dewey）之实用主义。杜威尝著《学校与普通生活》一书，力言学校教科与社会隔绝之害，附设一学校于芝加哥大学，即以人类所需之衣食住三者为工事标准，略分三部：一曰手工，如木工金工之类；二曰烹饪；三曰缝织，而描画模型等皆属之。即由此而授以学理，如因烹饪而授以化学，因裁缝而授以数学，因手工而授以物理学博物学，因原料所自出而授以地理学，因各时代各民族工艺若服食之不同而授以历史学人类学等是也。三曰蒙台梭利之儿童室，即特设各种器具以启发儿童之心理作用者。是也。吾国已有译本，想诸君已见之。四曰某氏之以工作为操练说。此说不忆为何人所创，大约以能力说为基础。能力者，西文所谓 Energy 也。近世自然哲学，以世界一切现象，不外乎能力之转移，如燃煤生热，热能蒸水成汽，汽能运机，机能制品，即一种能力之由煤而热，而汽，而机，而器，递相转移也。惟能力之转移，有经济与不经济之别，如水力可以运机发电，而我国海潮瀑布之属，皆置而不用，是即不经济之一端也。近世教育，如手工、图画等科，一方面为目力手力之操练，而一方面即有成绩品，此能力转移之经济者也。其他各种运动，大率止有操练，并无出品，则为不经济之转移。若合个人生理及社会需要两方面而研究之，设为种种手力足力之工作，以代拍球蹴球之戏，设为种种运输之工作，以利用竞走竞漕之役，则悉于体育之中养成勤务之习惯，而一切过激之动作，凌人之虚荣心，亦可以免矣。其他类是之新说，为鄙人所未知者，尚不知凡几，亦足以见现代教育界之进步矣。吾国教育界，乃尚牢守几本教科书，以强迫全班之学生，其实与往日之三字经四书五经等，不过五十步与百步之相差。欲救其弊，第一，须设实验教育之研究所。第二，教员须有充分之知识，足以应儿童之请益与模范而不匮。第三，则供给教育品者，亦当有种种参考之图画与仪器，以供教员之取资。如此，则始足语于新教育矣。

欢迎柏卜先生演说词

（一九一八年六月十日）

吾人为集思广益起见，对于各友邦之文化，无不欢迎；以国体相同，而对于共和先进国之文化，尤所欢迎；以思想之自由，文学美术之优秀，彼此互相接近，而对于共和先进国中之法兰西，更绝对的欢迎。本校定于暑假后，开法国文学一门，并于预科中招法文生；又与保定之育德中学、天津之孔德中学协商均开中学法文班，以为卒业后升入本校之预备，皆吾人欢迎法国文化之计画也。今日承代表法兰西全国之公使柏卜先生惠临赐教，必于吾人输入法国文化之计画，增一强固之保证，吾人曷胜荣幸。

公使本法科学士，又毕业于政治学高等学校，历任欧洲各国及巴尔干诸国外交重要职务，最近为塞尔维亚公使。公使非独外交名家，且性情温和，而学问亦极精博，于历史问题，研究尤深，已多所刊布。近曾于《两世界》杂志中登《塞国出境记》，即记战时出境之状也。今日承公使允赐演词，必有极亲切之言论，足以代表全法国之态度，而使吾人永不能忘者。

柏卜公使所预备之演词，已由柏良材先生译成华文，将为未谙法语诸君宣读之。

吾人更有一可喜之事，则公使来吾国时，其至友杜伯斯古先生，适偕之而来。杜先生亦法科学士，并曾毕业于政治学高等学校，及东方语专门学校，游历外国者十年，于巴尔干诸问题知之尤详。今复游历中国，兼为《巴黎时报》记者。《时报》者，法国最大之报，亦世界最重要日报之一也。杜先生所著政治史学之书甚多，而尤好文学，于诸大杂志中亦多有其著作。今日将为吾人演说法国写景文学最近之进化，将举蒙派桑及比尔洛梯二家之文学以示例，对于吾人欢迎新文学之思潮，必能增无量之兴会也。

抑更有进者，吾人既欢迎各友邦文化，则凡世界文化之重大问题，吾人皆有休戚相关之感情。如吾人闻德人近日破坏比、法、意国境之古迹，常为之叹息痛恨是也。今日正值代表法国文化之诸名人在座，吾人不能不联想及于法国学术界最近之不幸事，即有多数著名之学者适于半年内次第去世是也。其最著者，为新孔德（Comte）学派之狄尔干穆氏（Durkham），新陆谟克（Lamarck）派之生物学家洛当台克氏（Le Dentec），裴尔纳尔（Barnard）派之生理学家之达斯特氏（Dastre），巴斯德学院之生物化学家之伯尔特郎氏（Bertrand），法国学院之中国学家沙完氏（Chavin），皆于学术界有重大之贡献，而于短时期间相继去世，岂非吾辈所至为关切者与？且伯尔特郎氏尝致力于中国生物学诸问题，并热心于华法教育事业；沙完氏曾留学中国，搜集中国古物甚多，印有专书，在法国学院讲授中国学术，前数月于巴黎大学开法华学会，沙完氏曾有演说，阐明中国儒术之优点，尤足引起吾人特殊之感情也。

北京大学开学式之演说

(一九一八年九月二十日)

大学为纯粹研究学问之机关,不可视为养成资格之所,亦不可视为贩卖知识之所。学者当有研究学问之兴趣,尤当养成学问家之人格。本校一年以来,设研究所,增参考书,均为提起研究学问兴趣起见。又如设进德会,书法、画法、乐理研究会,开校役夜班,助成学生银行、消费公社等,均为养成学生人格起见。此皆诸生所当注意者。且诸生须知既名大学,则万不可有专己守残之习。一年以来,于英语外,兼提倡法、德、俄、意等国语,及世界语;于旧文学外,兼提倡本国近世文学,及世界新文学;于数、理、化等学外,兼征集全国生物标本,并与法京"巴斯德生物学院"协商设立分院。近并鉴于文科学生轻忽自然科学,理科学生轻忽文学哲学之弊,为沟通文理两科之计画。望诸生亦心知其意,毋涉专己守残之习也。

北京大学新闻学研究会成立之演说

（一九一八年十月十四日）

凡事皆有术而后有学。外国之新闻学，起于新闻发展以后。我国自有新闻以来，不过数十年，则至今日而始从事于新闻学，固无足怪。我国第一新闻，是为《申报》。盖以前虽有所谓邸抄若京报，是不过辑录成文，非如新闻之有采访、有评论也。故言新闻自《申报》始。《申报》为西人所创设，实以外国之新闻为模范。其后乃有《沪报》《新闻报》等。戊戌以后，始有《中外日报》《时报》《苏报》等。十五年前，鄙人在爱国学社办事时，与《苏报》颇有关系。其后亦尝从事于《俄事警闻》《警钟日报》等。其时于新闻术实毫无所研究，不过藉此以鼓吹一种主义耳。即其他《新闻报》《申报》等，虽专营新闻业，而其规模亦尚小。民国元年以后，新闻骤增，仅北京一隅，闻有八十余种。自然淘汰之结果，其能持续至今者，较十余年前之规模大不同矣。惟其发展之道，全恃经验，如旧官僚之办事然。苟不济之以学理，则进步殆亦有限。此吾人所以提出新闻学之意也。

新闻之内容，几与各种科学无不相关。外国新闻，多有特辟科学、美术、音乐、戏曲等栏者，固非专家不能下笔。即普通纪事，如旅行、探险、营业、犯罪、政闻、战报等，无不与地理、历史、经济、法律、政治、社会等学有关。而采访编辑之务，尤与心理学有密切之关系。至于记述辩论,则论理学及文学亦所兼资者也。根据是等科学,而应用于新闻界特别之经验,是以有新闻学。欧美各国,科学发达,新闻界之经验又丰富,故新闻学早已成立。而我国则尚为斯学萌芽之期,不能不仿《申报》之例,先介绍欧美新闻学。是为吾人第一目的。我国社会与外国社会有特别不同之点。因而我国新闻界之经验,亦与外国有特别不同之点。吾人本特别之经验而归纳之,以印证学理,或可使新闻学有特别之发展。是为吾人第二目的,想到会诸君均所赞成也。

抑鄙人对于我国新闻界尚有一种特别之感想,乘今日集会之机会,报告于诸君,即新闻中常有猥亵之纪闻若广告是也。闻英国新闻,虽治疗霉毒之广告,亦所绝无。其他各国,虽疾病之名词,无所谓忌讳,而春药之揭帖,冶游之指南,则绝对无之。新闻自有品格也。吾国新闻,于正张中无不提倡道德;而广告中,则诲淫之药品与小说,触目皆是;或且附印小报,特辟花国新闻等栏;且广收妓寮之广告。此不特新闻家自毁其品格,而其贻害于社会之罪,尤不可恕。诸君既研究新闻学,必皆与新闻界有直接或间接之关系,幸有以纠正之。

中法协进公会开会词

（一九一八年十月二十日在江西会馆开会）

今日我中法学务联合会同人所发起之中法协进会开会，承诸位男女来宾惠临，并承法国公使及我国立法行政界诸名公莅会，本会荣幸之至。

方今世界大势，渐由国别而进于大同，不特政治问题，交涉频繁，即教育、实业诸问题，亦无不有赖于各国人民之互助。故欧美各国，对于此种问题，常有万国协进会之举。我国向无此习，故同人等先从两国国际间着手。

至所以首先举行中法协进会者，则亦有特别之原因二：其一，中法关系有特别密切之点。就实业上观察，中法同为小农制。我国留学生之习农业者，留法最多；华工之赴法者，已在十万人以上。就教育上观察，中法哲学家、美术家类似之点甚多。鄙人曾于华法教育会演词举其例。法国革命以前，其思想家常引中国道家儒家之言以提倡自由平等；而中国革命以前，中国学者又译述卢梭、孟德斯鸠等学说以提倡自由平等，互相为师。阿拉教授曾言之。此非两国间有特别之关系与？其二，中法关系有亟待促进之点。中英、中美之关系，在我国业已发展。如中学校之外国语，多用英文，如青年会、清华学校、香港大学等，皆其例。而中法间则尚无此等好现象，有待于两国同志之经营。同人因此有中法学务联合会之组织。

然兹事体大，决非本会少数人所能负担。故乘此教育部召集中学及专门以上各学校校长会议，各地方教育家同时来京之机会，特开此协进会以讨论之。所应讨论各问题，已于通告中提出，深望到会诸君，各以志愿分别签名于讨论会题名册。自明日起，将分组讨论，而后以二十七日报告讨论之结果于大会。本日承法公使、梁议长、傅总长、熊督办、张局长，及陆总长、叶次长代表魏华两先生惠允演说，必有崇论宏议足以指导吾人者。愿到会诸君注意焉。

在北京大学画法研究会之演说词

（一九一八年十月二十二日）

今日为画法研究会第二次始业式，人数视前加增，是极好的现象。此后对于习画，余有二种希望，即多作实物的写生，及持之以恒二者是也。

中国画与西洋画，其入手方法不同。中国画始自临模，外国画始自实写。芥子园画谱，逐步分析，乃示人以临模之阶，此其故与文学、哲学、道德有同样之关系。吾国人重文学，文学起初之造句，必倚傍前人，入后方可变化，不必拘拟。吾国人重哲学，哲学亦因历史之关系，其初以前贤之思想为思想，往往为其成见所囿，日后渐次发展，始于已有之思想，加入特别感触，方成新思想。吾国人重道德，而道德自模范人物入手。三者如是，美术上遂亦不能独异。西洋则自然科学昌明，培根曰：人不必读有字书，当读自然书。希腊哲学家言物类原始，皆托于自然科学。亚里斯多德随亚力山大王东征，即留心博物学。德国著名文学家鞠台喜研究动植物，发见植物千变万殊，皆从叶发生。西人之重视自然科学如此，故美术亦从描写实物入手。今世为东西文化融和时代。西洋之所长，吾国自当采用。抑有人谓西洋昔时已采用中国画法者，意大利文学复古时代，人物画后加以山水，识者谓之中国派；即法国路易十世时，有罗科科派，金碧辉煌，说者谓参用我国画法。又法国画家有摩耐者,其名画写白黑二人,惟取二色映带,他画亦多此类,近于吾国画派。彼西方美术家,能采用我人之长,我人独不能采用西人之长乎?故甚望中国画者,亦须采西洋画布景实写之佳,描写石膏物像及田野风景,今后诸君均宜注意。此予之希望者一也。

又昔人学画,非文人名士任意涂写,即工匠技师刻画模仿。今吾辈学画,当用研究科学之方法贯注之。除去名士派毫不经心之习,革除工匠派拘守成见之讥,用科学方法以入美术。美虽由于天才,术则必资练习。故入会后当认定主义,誓以终身不舍。兴到即来,时过情迁,皆当痛戒。诸君持之以恒,始不负自己入斯会之本意。此予之希望者二也。

除此以外,余欲报告者三事:(一)花卉画导师陈师曾先生辞职,本会今后拟别请导师,俟决定后再行发表。(二)画会会所急求扩充,俟觅得相当地点,再行迁徙,与各会联络一起。(三)上学年所拟向收藏家借画办法,本年拟实行,拟请冯汉叔先生筹之。

《北京大学月刊》发刊词

（一九一八年十一月十日）

北京大学之设立，既二十年于兹，向者自规程而外，别无何等印刷品流布于人间。自去年有《日刊》，而全校同人，始有联络感情、交换意见之机关，且亦藉以报告吾校现状于全国教育界。顾《日刊》篇幅无多，且半为本校通告所占，不能载长篇学说，于是有《月刊》之计划。

以吾校设备之不完全，教员之忙于授课，而且或于授课以外兼任别种机关之职务，则夫《月刊》取材之难可以想见。然而吾校必发行《月刊》者，有三要点焉：

一曰尽吾校同人力所能尽之责任。所谓大学者，非仅为多数学生按时授课，造成一毕业生资格而已也，实以是为共同研究学术之机关。研究也者，非徒输入欧化，而必于欧化之中为更进之发明；非徒保存国粹，而必以科学方法，揭国粹之真相。虽曰吾校实验室图书馆等缺略不具，而外界学会、工场之属无可取资，求有所新发明，其难固倍蓰于欧美学者。然十六七世纪以前，欧洲学者，其所凭藉，有以逾于吾人乎？即吾国周秦学者，其所凭藉，有以逾于吾人乎？苟吾人不以此自馁，利用此简单之设备，短少之时间，以从事于研究，要必有几许之新义，可以贡献于吾国之学者，若世界之学者。使无月刊以发表之，则将并此少许之贡献而靳而不与，吾人之愧慊当何如耶？

二曰破学生专己守残之陋见。吾国学子，承举子文人之旧习，虽有少数高才生知以科学为单纯之目的，而大多数或以学校为科举，但能教室听讲，年考及格，有取得毕业证书之资格，则他无所求。或以学校为书院，媛媛姝姝，守一先生之言而排斥其他。于是治文学者，恒蔑视科学，而不知近世文学，全以科学为基础；治一国文学者，恒不肯兼涉他国，不知文学之进步，亦有资于比较；治自然科学者，局守一门，而不肯稍涉哲学，而不知哲学即科学之归宿，其中如自然哲学一部，尤为科学家所需要；治哲学者以能读古书为足用，不耐烦于科学之实验，而不知哲学之基础不外科学，即最超然之玄学，亦不能与科学全无关系。有《月刊》以网罗各方面之学说，庶学者读之，而于专精之余，旁涉种种有关系之学理，庶有以祛其褊狭之意见，而且对于同校之教员及学生，皆有交换知识之机会，而不至于隔阂矣。

三曰释校外学者之怀疑。大学者，囊括大典，网罗众家之学府也。《礼记·中庸》曰："万物并育而不相害，道并行而不相悖。"足以形容之。如人身然，官体之有左右也，呼吸之有出入也，骨肉之有刚柔也，若相反而实相成。各国大学，哲学之惟心论与惟物论，文学美术之理想派与写实派，计学之干涉论与放任论，伦理学之动机论与功利论，宇宙论之乐天观与厌世观，常樊然并峙于其中：此思想自由之通则，而大学之所以为大也。吾国承数千年学术专制之积习，常好以见闻所及，持一孔之论。闻吾校有近世文学一科，兼治宋元以后之小说曲本，则以为排斥旧文学，而不知周秦两汉文学，六朝文学，唐宋文学，其讲座固在也；闻吾校之伦理学，用欧美学说，则以为废弃国粹，而不知哲学门中，于周秦诸子，宋元道学，固亦为专精之研究也；闻吾校延聘讲师，讲佛学相宗则以为提倡佛教，而不知此不过印度哲学之一支，藉以资心理学论理学之印证，而初无与于宗教，并不破思想自由之原则也。论者知其一而不知其二，则深以为怪，今有《月刊》以宣布各方面之意见，则校外读者，当亦能知吾校兼容并收之主义，而不至以一道同风之旧见相绳矣。

以上三者，皆吾校所以发行月刊之本意也。至月刊之内容，是否能副此希望，则在吾校同人之自勉，而静俟读者之批判而已。

黑暗与光明的消长

(一九一八年十一月十五日)

我们为什么开这个演说大会?因为大学职员的责任,并不是专教几个学生,更要设法给人人都受一点大学的教育。在外国叫作平民大学。这一回的演说会,就是我国平民大学的起点。

但我们的演说大会,何以开在这个时候呢?现在正是协约国战胜德国的消息传来,北京的人,都高兴得了不得。请教为什么要这样高兴?怕有许多人答不上来。所以我们趁此机会,同大家说说高兴的缘故。

诸君不记得波斯拜火教的起原么?他用黑暗来比一切有害于人类的事,用光明来比一切有益于人类的事,所以说世界上有黑暗的神与光明的神相斗,光明必占胜利。这真是世界进化的状态。但是黑暗与光明,程度有浅深,范围也有大小。譬如北京道路,从前没有路灯,行路的人,必要手持纸灯,那时候光明的程度很浅,范围很小;后来有公设的煤油灯,就进一步了;近来有电灯汽灯,光明的程度更高了,范围更广了。世界的进化也如此。距今一百三十年前的法国大革命,把国内政治上一切不平等黑暗主义都消灭了;现在世界大战争的结果,协约国占了胜利,定要把国际间一切不平等的黑暗主义都消灭了,别用光明主义来代他。所以全世界的人,除了德奥的贵族以外,没有不高兴的。

请提出几个交换的主义作个例证：

第一是黑暗的强权论消灭，光明的互助论发展。从陆谟克、达尔文等发明生物进化论后，就演出两种主义：一是说生物的进化全恃互竞，弱的竞不过，就被淘汰了，凡是存的都是强的，所以世界只有强权，没有公理；一是说生物的进化全恃互助，无论甚么强，要是孤立了没有不失败的。但看地底发见的大鸟大兽的骨，他们生存时何尝不强，但久已灭种了。无论甚么弱，要是合群互助，没有不能支持，但看蜂蚁也算比较的弱极了，现在全世界都有这两种动物。可见生物进化，恃互助不恃强权。此次大战，德国是强权论代表；协商国互相协商，抵抗德国，是互助论的代表。德国失败了，协商国胜利了。此后人人都信仰互助论，排斥强权论了。

第二是阴谋派消灭，正义派发展。德国从拿破仑时受军备限制，创为更番操练的方法，得了全国皆兵的效果：一战胜奥，再战胜法。这是已往时代，彼此都恃阴谋，不恃正义，自然阴谋程度较高的占胜了。但德国竟因此抱了个阴谋万能的迷信，遍布密探。凡德国人在他国做商人的，都负有侦探的义务。旅馆的侍者，菌圃的装置，是最著名的了。德国恃有此等侦探，把各国政策军备，都知道详细，随时密制那相当的大炮、潜艇、飞艇、飞机等。自以为所向无敌了，遂敢唾弃正义，斥条约为废纸，横行无忌。不意破坏比利时中立后，英国立刻与之宣战；宣告无限制潜艇政策后，美国又与之宣战；其他中立等国，也陆续加入协商国中。德国因寡助的缺点，空费了四十年的预备，终归失败。从此人人知道阴谋的时代早已过去，正义的力量真是万能了。

第三是武断主义消灭，平民主义发展。从美国独立、法国革命后,世界已增了许多共和国。国民虽知道共和国的幸福,然野心的政治家,很嫌他不便。他们看着各共和国中,法美两国最大,但是这两国的军备,都不及德国的强盛,两国的外交又不及俄国的活泼,遂杜撰一个开明专制的名词,说是"国际间存立的要素,全恃军备与外交。军备与外交,全恃武断的政府。此后世界全在德系、俄系的掌握,共和国的首领者法若美且站不住,别的更不容说了"。不意开战以后,俄国的战斗力乃远不及法国,转因外交狡猾的缘故,貌亲英法,阴实亲德,激成国民的反动,推倒皇室,改为共和国了。德国虽然多挣了几年,现在因军事的失败,喝破国民崇拜皇室的迷信,也起革命,要改共和国了。法国是大战争的当冲,美国是最新的后援。共和国的军队,便是胜利的要素。法国、美国,都说是为正义人道而战,所以能结合十个协商的国。自俄国外,虽受了德国种种的诱惑,从没有单独讲和的。共和国的外交,也是这一回胜利的要素。现在美总统提出的十四条,有限制军备、公开外交等项,就要把德系、俄系的政策根本取消。这就是武断主义的末日,平民主义的新纪元了。

　　第四是黑暗的种族偏见消灭,大同主义发展。野蛮人止知有自己的家族,见异族的人同禽兽一样,所以有食人的风俗。文化渐进,眼界渐宽,始有人类平等的观念。但是劣根性尚未消尽,德国人尤甚。他们看黑色人种不能与白色人种平等,所以唱黄祸论,行铁拳政策,看犹太、波兰等民族不能与亚利安民族平等,所以限制他人权。彼等又看拉丁民族,盎格鲁-撒克逊民族又不能与日耳曼民族平等,所以唱"德意志超过一切",想先管理全欧然后管理全世界。此次大战争,便是这等迷信酿成的。现今不是已经失败了么?更看协商国一方面,不但白种的各民族团结一致，便是黄人黑人也都加入战团，或尽力战争需要的工作。义务平等，所以权利也渐渐平等。如爱兰的自治，波兰的恢复，印度民权的申张，美境黑人权利的提高，都已成了问题。美总统所提出的民族自决主义，更可包括一切。现今不是已占胜利了么？这岂不是大同主义发展的机会么？

世界的大势，已到这个程度，我们不能逃在这个世界以外，自然随大势而趋了。我希望国内持强权论的，崇拜武断主义的，好弄阴谋的，执著偏见想用一派势力统治全国的，都快快抛弃了这种黑暗主义，向光明方面去呵！

劳工神圣

（一九一八年十一月十六日）

诸君！此次世界大战争，协商国竟得最后胜利，可以消灭种种黑暗的主义，发展种种光明的主义，我昨日曾经说过，可见此次战争的价值了。但是我们四万万同胞，直接加入的，除了在法国的十五万华工，还有甚么人？这不算怪事！此后的世界，全是劳工的世界呵！

我说的劳工，不但是金工、木工等等，凡用自己的劳力作成有益他人的事业，不管他用的是体力，是脑力，都是劳工。所以农是种植的工，商是转运的工，学校职员、著述家、发明家，是教育的工。我们都是劳工。我们要自己认识劳工的价值！劳工神圣！我们不要羡慕那凭藉遗产的纨绔儿！不要羡慕那卖国营私的官吏！不要羡慕那克扣军饷的军官！不要羡慕那操纵票价的商人！不要羡慕那领乾修的顾问谘议！不要羡慕那出售选举票的议员！他们虽然奢侈点，但是良心上不及我们的平安多了！我们要认清我们的价值！劳工神圣！

哲学与科学

（一九一九年一月）

哲学与科学同为有系统之学说。其所异者，科学偏重归纳法，故亦谓之自下而上之学；哲学偏重演绎法，故亦谓之自上而下之学。古代演绎法盛行之时，但有哲学之名，今之所谓科学者，悉包于哲学之中焉。

盖人智之萌芽，本为神话。拜物之习，拟人之神，雷公电母，迎虎祭猫，皆自然科学之对象也。世界原始之谈，人类生死之解，中国之盘古及感生帝，印度之梵天及轮回说，《旧约》之《上帝创造世界记》，皆哲学之对象也。然以偏于科学对象者为多。本此等神话而组成不完全之系统，引以切近人事，于是有宗教。中国之丧祭等礼，印度之婆罗门，波斯之火教，犹太人之《旧约》皆是也。其理论亦大抵包于近世科学之对象，而关于哲学者为多。其后人类又迫于科学思想之冲动，不餍于此等独断之宗教，乃各以观察所得者立说，是为哲学之始。如中国之八卦说、五行说，印度之六派哲学（数论、胜论等），希腊之宇宙论，皆毗于自然界之独断论也。及其说为时人所厌，而怀疑派之哲学继之而起，于是有中国之少正卯一流（《荀子·宥坐篇》，"孔子曰：人有恶者五，而盗窃不与焉。一曰心达而险，二曰行辟而坚，三曰言伪而辩，四曰记丑而博，五曰顺非而泽。少正卯兼有之，故居处足以聚徒成众，言谈足以饰邪营众，强足以非是独立，此小人之桀雄也。"正与希腊诡辩派相类），印度之六师外道，希腊之诡辩派。此等怀疑之论，不足以久维人心，于是有道德论之哲学继之。如中国之孔子，印度之佛，希腊之苏格拉底是也。佛氏以宗教之形式，阐揭玄学，其后循此发展。永为宗教性之哲学，遂与科学无何等之关系。孔子之后有庄子，苏格拉底之后有柏拉图，皆偏于玄学者也。孔子同时有墨子，苏格拉底之后有雅里士多德，则皆兼治科学者也。庄子之哲学为神仙家所依托而有道教，柏拉图之哲学为基督教所攀援而立新柏拉图派，则又由哲学而转为宗教矣。中国墨学中绝，故以后科学永不发展，而宗仰孔子之儒家，自汉以来，不能出烦琐哲学之范围。西洋之宗教，引雅里士多德学派以自振，故中古之烦琐哲学，虽为人智之障碍，而科学之脉未绝。及文艺中兴以后，思想界以渐革新，自然科学次第成立，于是哲学与科学之关系缘之而起焉。

其在古代，所谓哲学者，常兼今日之所谓科学而言之。如柏拉图分哲学为三大类：一曰辨学，二曰物理，三曰论理，而以辨学为纲。雅里士多德则分哲学为理论实际二大类。其属于理论者，为分析术（论理学）、玄学、数学、物理学、心理学；其属于实际者，为伦理学、政治学、辨论学、诗学。此种观念，至近世哲学家如培根、特嘉尔辈亦尚仍之。培根分学术为三大类：一曰记忆之学，史学是也；二曰想象之学，诗学是也；三曰思想之学，哲学是也。哲学之中，分为自然宗教、宇宙论、人类学三纲。于宇宙论中，分为自然学（物理）及自然鹄的论（玄学）二门。又于自然学中，分为记述学（具体的物理学）及自然说明学（抽象的物理学即物理学及化学）。其于人类学中分为各人及社会二纲。属于各人者，为生理学（其应用为医学）及心理学（包论理学及伦理学）；其属于社会者，为政治学。特嘉尔著《哲学纲要》一书，其第一编为认识论及玄学之概论，第二编为机械的物理学要旨，第三编为宇宙论，第四编为物理学、化学、生理学之说明。说者谓等于学术丛编焉。而特嘉尔自序谓哲学即人类知识之综合，其主要者，（一）玄学，（二）物理学，（三）机械的科学，包有医学机械学及伦理学云。皆以哲学之名包一切科学也。

又有以哲学与科学为同义者。如霍布斯分哲学为三部分：曰物理学，曰人类学，曰政治学。又谓不属于哲学者，为神学及历史（自然史及政治学）。何也？以其非科学也。洛克分哲学为二部：一曰物理（亦谓之自然哲学），二曰应用（如伦理学、论理学等）。一千六百九十六年，英国著名算学家韦里斯（Wallis）于皇家科学会成立式演说曰：本会者，超乎宗教及政治之外，而专为哲学之研究者也。研究之对象，曰物理学，曰解剖术，曰形学，曰天文，曰航海术，曰统计学，曰磁学，曰化学，曰机械学，曰实验之自然科学。我等所讨论者，曰血之流行，曰静脉，曰哥白尼学说，曰彗星及新星之性质，曰木星之卫星，曰远镜之改良，曰空气之重量，曰真空之能否。要之，所谓一切新哲学者皆包之而已。曰科学，曰哲学，曰新哲学，初未为界别也。伏尔弗（Wolff）者，于十八世纪中组织通俗哲学者也，分哲学为三部：曰自然神学，曰心理学，曰物理学，此模范科学也，为第一部；曰论理学，曰与心理学相应之实用哲学，曰与物理学相应之机械学，为第二部；曰本体学，为综合一切现象而考定之之科学，为第三部。是亦以哲学包科学者也。至康德作《纯粹理性批判》，别人之认识为先天、后天二类。先天者出于固有，后天者本于经验，前者为感想而后者为分析法，前者构成玄学（即哲学）而后者构成科学。于是哲学与科学始有画然之界限。

然由是而康德以后之理想派哲学家遂有排斥科学之说，如菲屑脱云："哲学者，不必顾何等经验而纯然从事于先天之认识者也。"赛零则又进一步，谓"自然学研究者之方法盲者也，无理想者也。故哲学破坏于培根，而科学则破坏于波埃尔（Boyle）及牛顿"，至于海该尔为悬想派哲学之完成者，则以科学为不外乎各种零碎知识之集合，而实在之知识惟有哲学耳。既有此排斥科学之哲学家，而科学发展以后，遂有排斥哲学之科学家。大率谓哲学者，严格言之，本不得为科学，是乃一种之诡辩术，据一种官能或理性之现象，以说明一切事物；或为一种之魔术，以深晦之神意，杂入最普通之概念而宣布之，要皆以震骇庸俗已耳。凡此等互相菲薄之言，其非真理，可不待言。惟有一种事实不可不注意者，则自科学发展以后，哲学之范围以渐缩是也。

自十六世纪以后，学术界之观念，渐与中古时代不同。其最著者：（一）培根于论理学极力提倡归纳法，因得凌驾雅里士多德之演绎法，而凡事基础于实地之观察。（二）自一千五百九十年发明显微镜，千六百零九年发明远镜，其后寒暑风雨电气等表次第发明，而实验之具渐备。（三）分工之理大明，渐由博综之哲学而趋于专精之科学。此皆各种科学特别成立之原因也。哥白尼（Copernicus，1473—1543）唱地动说，加伯尔（Kepler，1571—1630）发见行星绕日之规则，加里勒（Galileo，1564—1642）附加以地球绕日之时间，牛顿（Newton，1642—1727）更发见引力之公例，而天文学成立。自梅斯纳（Mersenne，1588—1648）、斯耐尔（Snell，1591—1628）发明声学光学之公例，齐贝尔

（Gilbert）发见磁学公例，而物理学以渐成立。波埃尔（Rober Boyle，1627—1691）规定原子之概念而化学以渐成立。哈尔佛（Harvey，1578—1657）发见血液循环之系统，而生理学以渐成立。李鼐（Linne，1707—1778）新定植物系统而植物学成立。屈维野（Cuvier，1769—1832）创比较解剖学，研求动物自然系统，而动物学成立。凡自然现象，自昔为哲学所包含者，皆已建立为科学矣。而精神现象之学，如心理学者，近已用实验之法，组织为科学，发起于韦贝尔（F. H. Weber，1795—1878）、费希纳（Fechner，1801—1887）。而成立于冯德（Wundt）由是而演出者，则有费希纳之归纳法美学，及马曼（Menmamr）之实验教育学，亦将离哲学而独立。其他若社会学，若伦理学，若人类学，若比较宗教学，若比较言语学等，凡昔日之附丽于哲学而以演绎法治之者，至于今日，悉为归纳法治之，而将自成为科学。然则所遗留而为哲学之范围者何耶？

于是郎革（Albert Lange）以为将来之哲学，有思想的文学而已；而海该尔之徒，则以为将来之哲学，不过哲学史耳。夫文学必含哲理，在今日已为显著之事实；新哲学之发生，必胚胎于思想的历史之总和，不能不以哲学史为哲学之大本营，亦事实也。然哲学之各部分，虽已分演而为各科学，而哲学之任务，则尚不止于前述之二端。约举之有三：一曰各科哲理，如应用数学之公例以言哲理，谓之数理哲学；应用生理学之公例以言哲学，则为生理哲学等是也。二曰综合各种科学，如合各种自然科学之公例而去其龃龉，通其隔阂，以构为哲学者，是为自然哲学；又各以自然科学所得之公例，应用于精神科学，又合自然科学及精神科学之公例而论定为最高之原理，如孔德（Auguste Comte）之实证哲学，斯宾赛尔（Herbert Spencer）之综合哲学原理是也。三曰玄学，一方面基础于种种科学所综合之原理，一方面又基础于哲学史所包含之渐进的思想，而对于此方面所未解决之各问题，以新说解答之，如别格逊（Henri Bergron）之创造的进化论其例也。夫各科哲理与综合各种科学，尚介乎科学与哲学之间；惟玄学始超乎科学之上。然科学发达以后之玄学，与科学幼稚时代之玄学较然不同，是亦可以观哲学与科学之相得而益彰矣。

教育之对待的发展

（一九一九年二月）

吾人所处之世界，对待的世界也。磁电之流，有阳极则必有阴极，植物之生，上发枝叶，则下苴根荄，非对待的发展乎？初民数学之知识，自一至五而已；及其进步，自五而积之，以至于无穷大，抑亦自一而折之，以至于无穷小，非对待的发展乎？古人所观察之物象，上有日月星辰，下有动植水土而已；及其进步，则大之若日月之组织，恒星之光质，小之若微生物之活动，原子电子之配置，皆能推测而记录之，非对待的发展乎？

教育之发展也亦然。在家族主义时代所教训者，夫妇亲子兄弟间之关系孝弟亲睦而已。及其进而为家族的国家主义，则益以君臣朋友二伦，所扩张者犹是人与人之关系。而管仲之制，士之子恒为士，农之子恒为农，工之子恒为工，商之子恒为商，幼而习焉不见异物而迁。李斯之制，焚诗书百家语，欲习法令者，以吏为师。是个人职业教育之自由犹被限制也。进而为立宪的国家，一方面认个人有思想言论集会之自由，是为个性的发展；一方面有纳税当兵之义务，对于国家而非对于君主，是为群性的发展。于是有所谓国民教育者。两方面发展之现象，亦以渐分明。虽然，群性以国家为界，个性以国民为界，适于甲国者，不必适于乙国。于是持军国民主义者，以军人为国民教育之标准；持贵族主义者，以绅士为标准；持教会主义者，以教义为标准；持实利主义者，以资本家为标准；个人所有者，为"民"权而非"人"权；教育家所行者，为"民权的"教育而非"人格的"教育。自人类智德进步，其群性渐溢乎国家以外，则有所谓世界主义若人道主义；其个性渐超乎国民以上而有所谓人权若人格。科学研究也，工农集会也，慈善事业之进行也，既皆为国际之组织，推之于一切事业将无乎不然；而个人思想之自由，则虽临之以君父，监之以帝天，囿之以各种社会之习惯，亦将无所畏葸而一切有以自申。盖群性与个性之发展，相反而适以相成，是今日完全之人格，亦即新教育之标准也。持个人的无政府主义者，不顾群性；持极端的社会主义者，不顾个性。是为偏畸之说，言教育者其慎之。

吾友黄郛君著《欧战之教训及中国之将来》，对于吾国教育之计画有曰："立国于二十世纪，非养成国民具体两种相反对之性质不可：曰个人性与共同性……今次欧战教训，无论其国民对于国家如何忠实，若仅能待命而动，无独立独行之能力者，终不足以担负国家之大事。年前法国教育家钮渥曾著一论，谓'从前世人尝有一疑问，谓教育之目的，究系为个人乎？抑为社会与国家乎？如为个人也，宜助长个性之发达，是与共同组织有碍也；如为社会与国家也，宜奖励共同性之养成，是阻止个性之发达也。吾今敢确切答复曰，此后国家之生存，必须全体国民同时具备此两面之资格而后可。故此后教育家之任务，在发见一种方法，能使国民内包的个性发达，同时使外延的社会与国家之共同性发达而已矣'。盖惟此二性具备者，方得谓此后国家所需要之完全国民也。"黄君之言，足以证教育对待的发展之义矣。余惜其仅为国民教育言，一间未达，故广其义，以著于篇，备今之言新教育者参考焉。

贫儿院与贫儿教育的关系

——在北京青年会演说词

（一九一九年三月十五日）

贫儿院的历史同成效，刘景山先生已讲得很详细了。鄙人对于贫儿院，有一种特别的感想，并且有一种特别希望，所以看得这一次的募捐，比较别种慈善事业尤为重要，请与诸位男女来宾讲讲。

贫儿是没有受家庭教育的机会，所以到院。这原是他们的不幸。但鄙人对于家庭教育很有点怀疑。第一层：教育是专门的事业，不是人人能担任的。譬如有一块美玉，要琢成佩件，必要请教玉工。又如有几两黄金，要炼成首饰，必要请教金工。断不是人人自作的。现在要把自家子女造成适当的人物，敢道比琢玉炼金容易，人人可以自任的么？第二层：有子女的人，不是人人有实行教育的时间。男子呢，有一定职业，就每日有一定作工的时间。作工完毕了，还有奔走公益的，应酬亲友的，随意消遣的，请问每日中有多少时间可以在家与他的子女相见？妇人呢，或是就职业，或是操家政，也有讲应酬好消遣的，请问每日中有多少时间可以专心对付他的子女？所以有钱的，就把子女交给没有受过教育的仆婢，统统引诱坏了。没有钱的，就听子女在家胡闹，或在街上乱跑；父母闲暇了，高兴了，子女就有不好的事，也纵容他；忙不过来了，不高兴了，子女就有好的事，也瞎骂一阵，乱打几拳。这又是大多数父母的通病了。而且现在的家庭，对于儿童可以算好的榜样么？正经的父母，不知道儿童性情与成人大有不同；立了很严规矩，要儿童仿作，已经很不相宜了。还有大多数的父母夫妇的关系，兄弟妯娌的关系，姑嫂的关系，主仆的关系，亲戚邻居的关系，高兴了就开玩笑，讲别的人丑事，不高兴了相骂相打。要是男子娶了妾，雇了许多男女仆，那就整日演妒忌猜疑的事，甚且什么笑话都可以闹出来。这可以做儿童榜样么？兼且成年的人爱看的书报与图书，爱听的笑话与鼓词，不免有不宜于儿童的，父母看了听了可以不到儿童的耳目么？有许多儿童，都是受了家庭不好的教育，进学校后很不容易改良。所以我对于家庭教育很有点怀疑。

我们古代的大教育学家，要算是孔子、孟子。孔子有一个学生，叫陈亢，疑孔子教训儿子总比教训学生特别一点的，有一日问着孔子的儿子伯鱼，照伯鱼对答，他有一次遇见了他的父亲，问他学了《诗》没有，他说没有学，他的父亲就说了不学诗的短处；又有一次遇见了他的父亲，问他学了《礼》没有，他亦说没有学，他的父亲就说了不学《礼》的短处。陈亢恍然大悟，知道君子是疏远他的儿子呢。孟子有个学生，叫公孙丑，有一日问道，君子为甚么不亲自教他的儿子？孟子答道，办不到。教他必用正道，教了不听，必要怒，怒了便伤了父子的感情。万一儿子想着：父亲教我的，他自己也还没有做到。这更是彼此互相责备，更坏了。所以古人用交换法，把自己的儿子请别人教，反替别人教他的儿子呵。照此看来，圣如孔子，贤如孟子，尚且不敢用家庭教育，何况平常人呢？

所以我的理想：一个地方，必须于蒙养院与中小学校以外，有几个胎教院，几个乳儿院，都由专门的卫生家管理。胎教院的设备，如饮食、器具、花园运动场、装饰的雕刻与图画、陈列的书报，都是有益于孕妇的身体与精神的。因为孕妇身体上受了损害，或精神上染了污浊，都要害及胎儿的。乳儿院的设备，必须于乳儿的母亲身体上精神上都是有益的。要是母亲有了疾病，或发了邪淫愤怒悲愁的感情，都是害及乳儿的。有了这种设备，不论哪个人家，要是妇人有了孕，便是进胎儿院；生了子女，便迁到乳儿院。一年以后，小儿断乳，就送到蒙养院受教育，不用他的母亲照管。他的母亲就可以回家操她的家政，或营她的职业了。

现在还没有这种组织，运动别人，别人也不肯信，我想先从贫儿院下手。要是贫儿院试办这种事情，很有成效，那就可以推广到不贫的儿童了。这是我的第一种希望。

美国大教育家杜威博士，不久要来中国。他创了一种很新的教育主义，是即工即学，是要学校生活与社会生活密接，曾在雪卡哥大学附设一个试验学校，试验过很有成效。我于民国元年在南京发表一篇《对于教育方针之意见》，曾于实利主义一节中介绍过，去年在天津青年会演讲"新教育与旧教育之歧点"，又介绍过一回。他的即工即学主义，是学生只须作工，一切学理就在作工时候指点他，用不着甚么教科书。我但用贫儿院已设的烹饪、裁缝、木器与地毯四项工作，作个比例，就容易明白了。这四项的原料，都是动植物，便可以讲生物学。这四项的工具，都是矿物作成的，便可以讲矿物学、地质学。这四项工作的时候，或用热度，或用手工，或用机械，或用电磁，就可以讲物理学。食物的调和，衣服的漂白与渲染，木器的油漆，都与化学有关，便可以讲化学。食物的分量，衣服的尺寸，木器各方面的比例，地毡与房屋的配合，各种原料与工具的购入，各种成绩品的出售，都要计算记录，便可以讲数学与簿记法。指明原料出产的或成绩的出售的地方，比较各民族饮食衣服器具的异同，便可讲地理学与人类学。比较古今饮食衣服器具的异同，便可讲历史学。作工要勤，要谨慎，要有进步，要与同作的学生互相帮助；这四项工作以外，有休息，有共同的运动，又有洗濯食器与整理衣服被褥，洒扫堂室，应对宾客等杂务，便可以讲卫生与修身。就食物的装置，衣服与器具的形势与色彩，可与讲美学与美术。就贫儿已往的苦痛，现在的安乐，将来的希望，也可以讲点哲学。把一切经过的情形或教习的语言，叫各人写出来，便可以练习国文或外国文。诸位看！照此办法，还要用甚么教科书么？还要聚了几十个学生，在教室里面，各人对了一本书听教习一句一句的呆讲么？但这种学校生活与社会生活密接的组织，不但我们中国人没有肯办的，就是办了也怕没有人肯送他的子弟。因为中国人现在还叫进学校作读书，要是到校以后，只有工作，没有读书，就一定不赞成了。现在贫儿院既有工作，何不把上午的读书省却，匀派在工作的时间，来试试杜威博士的新主义呢？要是试了有成效，就可以劝别个学校也来试试。这是我第二种的希望。

我国人不许男女间有朋友的关系，似乎承认"男女间只有恋爱的关系"，所以很严的防范他。既然有此承认，所以防范不到处，就容易闹笑话了。欧美人承认男女的交际，与单纯男子的或单纯女子的完全一样。普通的交际与友谊的关系，隔得颇远，友谊的关系与恋爱的关系，那就隔得更远了。他们男女间看了自己的人格，同对面的人格，都非常尊重。而且为矫正从前轻视女子的恶习，交际上男子尤特别尊重女子，断不敢稍有轻率的举动。即如跳舞会，是古代传下来的习惯，也是随时代进化，活泼中仍含着谨严的规则。不是为贫儿院筹款，曾在迎宾馆举行一次，诸君曾经参与的么？近来女权发展，又经了欧洲大战争，从前男子的职业，一大半都靠女子来担任。此后男女间互助的关系，无论在何等方面，必与单纯男子方面或单纯女子方面一样。我们国里还能严守从前男女的界限，逆这世界大潮流么？但是改良男女的关系，必要有一个养成良习惯的地方，我以为最好是学校了。外国的小学与大学，没有不是男女同校的。美国的中学，也是大多数男女同校，我们现在除国民小学外，还没有这种组织。若要试办，最好从贫儿院入手。院中男女生都有，但男生专作木工毡工，女生专作烹饪裁缝，划清界限，还不是男女同校的真精神。最好破除界限，不论何等工作，只要于生理上心理上相宜的，都可以自由选择，都可以让他们共同操作。要是试验了成绩很好，那就可以推行到别的学校了。

还有一层，中国的戏剧，不许男女合演。用男子来假装女子，这是最不自然的，所以扭扭捏捏，不但演剧时不合女子的态度，反把平日间本人的气概都改变了。我不喜观旧剧，对于学生演新剧，亦不大欢迎，就是为此。但现在男女尚不能同校，若要合男女学生试演新剧，学生的父母不是要大不答应的么？我以为此事也可由贫儿院先来试办。先就译本的西剧中，选几种悲剧来试演，演得纯熟了，要是开筹款会，就可以演给来宾看看，不专靠现在男生的唱歌，女生的跳舞了。要是有几个学生演得很好，就可以作为改良戏剧的起点,不是很有关系么?

　　以上三端,都想借贫儿院试试男女共同操作的习惯,是我第三种的希望。

　　我有上述的特别感想,与这三种希望,所以看得贫儿院非常重要。尤希望男女来宾竭力替他筹款,不但帮他维持还要帮他发展呵!

科学之修养

（一九一九年四月二十四日在北京高等师范修养会讲演）

鄙人前承贵校德育部之召，曾来校演讲；今又蒙修养会见召，敢略述修养与科学之关系。

查修养之目的，在使人平日有一种操练，俾临事不致措置失宜。盖吾人平日遇事，常有计较之余暇，故能反复审虑，权其利害是非之轻重而定取舍。然若至仓卒之间，事变横来，不容有审虑之余地。此时而欲使诱惑、困难不能隳其操守，非平日修养有素不可，此修养之所以不可缓也。

修养之道，在平日必有种种信条：无论其为宗教的，或社会的，要不外使服膺者储蓄一种抵抗之力，遇事即可凭之以定决择。如心所欲作而禁其不作，或心所不欲而强其必行，皆依于信条之力。此种信条，无论文明野蛮民族均有之。然信条之起，乃由数千万年习惯所养成；及行之既久，必有不适之处，则怀疑之念渐兴，而信条之效力遂失。此犹就其天然者言也。乃若古圣先贤之格言嘉训，虽属人造，要亦不外由时代经验归纳所得之公律，不能不随时代之变迁而异其内容。吾人今日所见为嘉言懿行者，在日后或成故纸；欲求其能常系人之信仰，实不可能。由是观之，则吾人之于修养，不可不研究其方法。在昔吾国哲人，如孔孟老庄之属，均曾致力于修养，而宋明儒者尤专力于此。然学者提倡虽力，卒不能使天下之人尽变有良善之士，可知修养亦无一定之必可恃者也。至于吾人居今日而言修养，则尤不能如往古道家之蛰影深山，不闻世事。盖今日社会愈进，世务愈繁。已入社会者，固不能舍此而他从；即未入社会之学校青年，亦必从事于种种学问，为将来入世之准备。其责任之繁重如是，故往往易为外务所缚，无精神休假之余地，常易使人生观陷于悲观厌世之域，而在不得志之人为尤甚。其故即在现今社会与从前不同。欲补救此弊，须使人之精神，有张有弛。如作事之后，必继之以睡眠；而精神之疲劳，亦必使有机会得以修养。此种团体之结合，尤为可喜之事。但鄙人以为修养之致力，不必专限于集会之时，即在平时课业中亦可利用其修养。故特标此题曰："科学的修养"。

今即就贵会之修养法逐条说明，以证科学的修养法之可行。如贵会简章有"力行校训"一条。贵校校训为"诚勤勇爱"四字。此均可于科学中行之。如"诚"字之义，不但不欺人而已，亦必不可为他人所欺。盖受人之欺而不自知，转以此说复诏他人，其害与欺人者等也。是故吾人读古人之书，其中所言苟非亲身实验证明者不可轻信，乃至极简单之事实，如一加二为三之数，亦必以实验证明之。夫实验之用最大者莫如科学。譬如报纸纪事，臧否不一，每使人茫无适从。科学则不然，真是真非，丝毫不能移易。盖一能实验，而一不能实验故也。由此观之，科学之价值，即在实验。是故欲力行"诚"字，非用科学的方法不可。

其次"勤"。凡实验之事，非一次所可了。盖吾人读古人之书而不慊于心，乃出之实验。然一次实验之结果，不能即断其必是，故必继之以再以三，使有数次实验之结果。如不误，则可以证古人之是否；如与古人之说相剌谬，则尤必详考其所以致误之因，而后可以下断案。凡此者反复推寻，不惮周详，可以养成勤劳之习惯。故"勤"之力行亦必依赖夫科学。

再次"勇"。勇敢之意义，固不仅限于为国捐躯慷慨赴义之士。凡作一事能排万难而达其目的者，皆可谓之勇。科学之事，困难最多。如古来科学家往往因试验科学致丧其性命，如南北极及海底探险之类。又如新发明之学理，有与旧传之说不相容者，往往遭社会之迫害，如哥白尼、贾利来之惨祸。可见研究学问，亦非有勇敢性质不可；而勇敢性质，即可于科学中养成之。大抵勇敢性有二：其一发明新理之时，排去种种之困难阻碍；其二，既发明之后，敢于持论，不惧世俗之非笑。凡此二端，均由科学所养成。

再次"爱"。爱之范围有大小。在野蛮时代，仅知爱自己及与己最接近者，如家族之类。此外稍远者辄生嫌忌之心。故食人之举，往往有焉。其后人智稍进，爱之范围渐扩，然犹不能举人我之见而悉除之。如今日欧洲大战，无论协约方面，或德奥方面，均是己非人，互相仇视，欲求其爱之普及甚难。独至于学术方面则不然：一视同人，无分畛域；平日虽属敌国，及至论学之时，苟所言中理，无有不降心相从者。可知学术之域内，其爱最薄。又人类嫉妒之心最盛，入主出奴，互为门户。然此亦仅限于文学耳，若科学则均由实验及推理所得唯一真理，不容以私见变易一切。是故妒嫉之技无所施，而爱心容易养成焉。

以上所述，仅就力行校训一条引申其义。再阅简章，有静坐一项。此法本自道家传来。佛氏之坐禅，亦属此类。然历年既久，卒未普及社会；至今日日本之提倡此道者，纯以科学之理解释之。吾国如蒋竹庄先生亦然，所以信从者多，不移时而遍于各地。此一修养之有赖于科学者也。

又如不饮酒、不吸烟二项，亦非得科学之助力不易使人服行。盖烟酒之嗜好，本由人无正当之娱乐，不得已用之以为消遣之具，积久遂成痼疾。至今日科学发达，娱乐之具日多，自不事此无益之消遣。如科学之问题，往往使人兴味加增，故不感疲劳而烟酒自无用矣。

今日所述，仅感想所及，约略陈之；惟宜注意者，鄙人非谓学生于正课科学之外，不必有特别之修养，不过正课之中，亦不妨兼事修养，俾修养之功，随时随地均能用力，久久纯熟，则遇事自不致措置失宜矣。

辞北京大学校长职出京启事

（一九一九年五月九日）

吾倦矣！"杀君马者道旁儿。""民亦劳止，汔可小休。"我欲小休矣！北京大学校长之职，已正式辞去；其他向有关系之各学校，各集会，自五月九日起，一切脱离关系。特此声明，惟知我者谅之。

附：北京大学文科教授程演生答学生常惠书

"杀君马者路旁儿。"《风俗通》曰："杀君马者路旁儿也。"言长吏养马肥而希出，路旁小儿观之，却惊致死。按长吏马肥，观者快之，乘者喜其言，驰驱不已，至于死。

梁张士简用此意作《走马引》曰：良马龙为友，玉珂金作羁。驰骛宛与洛，半骤复半驰。倏忽而千里，光景不及移。九方惜未见，薛公宁所知。敛辔且归去，吾畏路旁儿。

蔡先生用此语，大约谓己所处之地位，设不即此审备所在，徒徇他人之观快，将恐溺身于害也，与士简诗意正相合。所以上文曰："吾倦矣！"自伤之情，抑何深痛（元培案，引此语但取积劳致死一义，别无他意)!

"民亦劳止,汔可小休。"

《毛诗·大雅·民劳》第二章曰:"民亦劳止,汔可小休。惠此中国,以为民逑。无纵诡随,以谨惛怓。式遏寇虐,无俾民忧。无弃尔劳,以为王休。"

蔡先生用此语,盖非取全章之义。所谓民者,或自射其名耳(孑民)。言己处此忧劳之余,庶几可以小休矣。倘取全章之义,则不徒感叹自身,且议执政者也(元培案,引此语但取劳则可休一义,别无他意)。

常惠君足下:顷讯蔡先生启事中引用之语,兹已检查明确,希即转示同学。"杀君马"之语,外面误解者亦甚夥,且有望文生意者,谓君者指政府,马者指曹章,路旁儿指各校学生。若是说去,成何意义?可发一笑。贤者虽明哲保身,抑岂忍重责于学生耶?综观以上所条举之书及诗,蔡先生引用此语之本心,读者当可了解矣。足下何日南下,有暇望过我一叙。此答。余不一一。

五月十日,二古白。

告北京大学学生暨全国学生联合会书

(一九一九年七月二十三日)

北京大学学生诸君并请全国学生联合会诸君公鉴：

诸君自五月四日以来，为唤醒全国国民爱国心起见，不惜牺牲神圣之学术以从事于救国之运动，全国国民，既动于诸君之热诚而不敢自外，急起直追，各尽其一分子之责任，即当局亦了然于爱国心之可以救国，而容纳国民之要求。在诸君唤醒国民之任务，至矣，尽矣，无以复加矣！社会上感于诸君唤醒之功，不能为筌蹄之忘，于是开会发电，无在不愿与诸君为连带之关系。此人情之常，无可非难。然诸君自身，岂亦愿永羁于此等连带关系之中，而忘其所牺牲之重任乎？世界进化，实由分功，凡事之成，必资预备。即以提倡国货而言，贩卖固其要务，然必有制造货品之工厂，与培植原料之农场，以开其源。若驱工厂农场之人材而悉从事于贩卖，其破产也可立而待。诸君自思，在培植制造时代乎？抑在贩卖时代乎？我国输入欧化，六十年矣，始而造兵，继而练军，继而变法，最后乃始知教育之必要。其言教育也，始而专门技术，继而普通学校，最后乃始知纯粹科学之必要。吾国人口号四万万，当此教育万能科学万能时代，得受普通教育者百分之几，得受纯粹科学教育者万分之几。诸君以环境之适宜，而有受教育之机会，所以对吾国新文化之基础，而参加于世界学术之林者，皆将有赖于诸君。诸君之责任，何等重大！今乃参加大多数国民政治运动之故而绝对牺牲之乎？

抑诸君或以唤醒同胞之任务，尚未可认为完成，不能不再为若干日之经营，此亦非无理由。然以仆所观察，一时之唤醒，技止此矣，无可复加。今若为永久唤醒，则非有以扩充其知识，高尚其志趣，纯洁其品性，必难幸致。自大学之平民讲演，夜班教授，以至于小学之童子军，及其他学生界种种对于社会之服务，固常为一般国民之知识，若志趣，若品性，各有所适用矣。苟能应机扩充，持久不息，影响所及，未可限量。而其要点，尤在注意自己之知识，若志趣，若品性，使有左右逢源之学力，而养模范人物之资格，则推寻本始，仍不能不以研究学问为第一责任也。

且政治问题，因缘复杂，今日见一问题，以为至重要矣，进而求之，犹有重要于此者。自甲而乙，又自乙而丙丁，以至癸子等等，互相关联。故政客生涯，死而后已。今诸君有见于甲乙之相联，以为毕甲不足，必毕乙而后可，岂谓乙以下之相联而起者，曾无已时。若与之上下驰逐，则夸父逐日，愚公移山，永无踌躇满志之一日，可以断言。此次世界大战，德法诸国，均有存亡关系，罄全国胜兵之人，为最后之奋斗，平日男子职业，大多数已由妇女补充，而自小学以至大学，维持如故，学生已及兵役年限者，间或提前数月毕业，而未闻全国学生均告奋勇，舍其学业而从事于军队若职业之补充。岂彼等爱国心不及诸君耶？愿诸君思之。

仆自出京预备杜门译书，重以卧病，遂屏外缘。乃近有恢复五四以前教育原状之呼声，各方面遂纷加责备，迫以复出。仆遂不能不加以考虑。夫所谓教育原状者，宁有外于诸君专研学术之状况乎？使诸君果已抱有恢复原状之决心，则往者不谏，来者可追，仆为教育前途起见，虽力疾从公，亦义不容辞。读诸君十日三电，均以"力学报国"为言，勤勤恳恳，实获我心。自今以后，愿与诸君共同尽瘁学术，使大学为最高文化中心，定吾国文明前途百年大计。诸君与仆等，当共负其责焉。

北京大学二十二周年开学式之训词

（一九一九年九月二十日）

今日为北京大学第二十二年的开学日。新到诸生，差不多占四分之一。本来旧生所知道的，也当为新生申说大概。况此次学潮以后，外边颇有谓北京大学学生，专为政治运动，能动不能静的。不知道本校学生，这次的加入学潮，是激于一时的爱国热诚，为特别活动，一到研究学问的机会，仍是非常镇静的。外边流言，实是误会。但是我们也不可不作"有则改之，无则加勉"的打算。所以我现在把北京大学的教育方针说说，不但给新生指示趋向，也是为旧生提醒一番的意思。

诸君须知大学，并不是贩卖毕业的机关，也不是灌输固定知识的机关，而是研究学理的机关。所以大学的学生，并不是熬资格，也不是硬记教员讲义，是在教员指导之下自动的研究学问的。为要达上文所说的目的，所以延聘教员，不但是求有学问的，还要求于学问上很有研究的兴趣，并能引起学生的研究兴趣的。不但世界的科学取最新的学说，就是我们本国固有的材料，也要用新方法来整理他。这种标准，虽不是一时就能完全适合，但我们总是向这方面进行。又如图书杂志仪器标本，研究学理上所必不可少的，我们限于经费，虽不能一时购置完善，但也是逐年增加的。且既然认定大学是研究学理的机关，对于纯粹学理的文理科，自当先作完全的建设。我们因文理科尚有许多门类，为经费与地位所限，不能一时并设，所以乘北洋大学同是国立，同有土木工科、采矿冶金科的关系，把工科归并北洋。即用工科的经费与教室实验室，来扩充理科的一部分。研究学理，不可不屏除纷心的嗜好，所以本校提倡进德会，对于嫖赌的恶习，官吏议员的运动，是悬为戒律的。研究学理，必要有一种活泼的精神，不是学古人"三年不窥园"的死法能做到的。所以本校提倡体育会、音乐会、书画研究会等，来涵养心灵。大凡研究学理的结果，必要影响于人生。倘没有养成博爱人类的心情，服务社会的习惯，不但印证的材料不完全，就是研究的结果也是虚无。所以本校提倡消费公社、平民讲演、校役夜班与新潮杂志等，这些都是本校最注重的事项，望诸君特别注意。

抑本校很愿多延各国硕学来校讲授，惜机会很不易得。今年适值杜威博士来华游历，本校得博士及哥仑比亚大学校长的允许，得请博士留华一年，在本校讲授哲学，这是很难得的机会。所以今日特请博士演说，并先为介绍。

回任北京大学校长在全体学生欢迎会演说

（一九一九年九月二十日）

别来匆匆四个月，今日得与诸君相见，我心甚为愉快。但自我出京以后，诸君经了许多艰难危险的境遇；我卧病在乡，不能稍效斡旋维持之劳，实在抱歉得很。我以为诸君一定恨我骂我，要与我绝交了；不意我屡次辞职，诸君要求复职，我今勉强来了，与诸君相见，诸君又加以欢迎的名目，并陈极恳挚之欢迎词，真叫我感谢之余，惭愧的了不得。

诸君的爱国运动，事属既往，全国早有公论，我不必再加评论。惟我从别方面观察，觉得在这时期，看出诸君确有自治的能力，自动的精神，想诸君也能自信的。诸君但能在校中保持这种自治的能力，管理上就不成问题。能发展这种自动的精神，学问上除得几个积学的教员随时指导，有图书仪器足供参考试验外，没有甚么别的需要。至于校长一职，简直可不必措意了。

诸君都知道，德国革命以前是很专制的。但是他的大学，是极端的平民主义；他的校长与各科学长，都是每年更迭一次，由教授会公举的；他的校长，由四科教授迭任，如甲年所举是神学科教授，乙年所举是医学科教授，丙年所举是法学科教授，丁年所举是哲学科教授，周而复始，照此递推。诸君试想，一科的教授,当然与他科的学生很少关系;至于神学科教授,尤为他科的学生所讨厌的;但是他们按年轮举,全校学生从没有为校长发生问题的。这是何等精神呵!

我初到北京大学,就知道以前的办法,是一切学务都由校长与学监主任、庶务主任少数人办理,并学长也没有与闻的。我以为不妥,所以第一步组织评议会,给多数教授的代表,议决立法方面的事;恢复学长的权限,给他们分任行政方面的事。但校长与学长,仍是少数,所以第二步组织各门教授会,由各教授与所公举的教授会主任分任教务。将来更要组织行政会议,把教务以外的事务,均取合议制。并要按事务性质,组织各种委员会,来研究各种事务。照此办法,学校的内部组织完备,无论何人来任校长,都不能任意办事。即使照德国办法,一年换一个校长,还成问题么?

这一次爱国运动,要是认定单纯的目的,到德约决不签字,曹、陆、章免职,便算目的达到,可以安心上课了。不幸牵入校长问题,又生出许多枝节,这不能不算是遗憾。所望诸君此后能保持自治的能力,发展自动的精神,并且深信大学组织日臻稳固,不但一年换一个校长,就是一年换几个校长,对于诸君研究学问的目的,是决无防碍的,诸君不要再为校长的问题分心,这就不辜负我们今日的一番聚会了。

杜威博士六十生日晚餐会演说词

（一九一九年十月二十日）

今日是北京教育界四团体公祝杜威博士六十岁生日晚餐会。我以代表北京大学的资格，得与此会，深为庆幸。我所最先感想的，就是博士与孔子同一生日。这种时间的偶合，在科学上没有什么关系。但正值博士留滞我国的时候，我们发见这相同的一点，我们心理上不能不有特别的感想。

博士不是在我们大学说现今大学的责任就在该东西文明作媒人么？又不是说博士也很愿分负此媒人的责任么？博士的生日，刚是第六十次；孔子的生日，已经过二千四百七十次，就是四十一又十个六十次。新旧的距离很远了。博士的哲学，用十九世纪的科学作根据，由孔德的实证哲学、达尔文的进化论、詹美士的实用主义递演而成的，我们敢认为西洋新文明的代表。孔子的哲学，虽不能包括中国文明的全部，却可以代表一大部分，我们现在暂认为中国旧文明的代表。孔子说尊王，博士说平民主义；孔子说女子难养，博士说男女平权；孔子说述而不作，博士说创造。这都是根本不同的。因为孔子所处的地位时期，与博士所处的地位时期，截然不同，我们不能怪他。

但我们既然认旧的亦是文明，要在他里面寻出与现代科学精神不相冲突的，非不可能。即以教育而论，孔子是中国第一个平民教育家。他的三千个弟子,有狂的,有狷的,有愚的,有鲁的,有辟的,有喭的,有富的如子贡,有贫的如原宪;所以东郭、子思说他太杂。这是他破除阶级的教育的主义。他的教育用礼、乐、射、御、书、数的六艺作普通学;用德行、政治、言语、文学的四科作专门学。照《论语》所记的,问仁的有若干,他的答语不一样;问政的有若干,他的答语也不是一样。这叫作是"因材施教"。可见他的教育,是重在发展个性,适应社会,决不是拘泥形式,专讲画一的。孔子说:"学而不思则罔,思而不学则殆。"这就是经验与思想并重的意义。他说:"多闻阙疑,慎言其余,多见阙殆,慎行其余。"这就是试验的意义。

我觉得孔子的理想与杜威博士的学说很有相同的点。这就是东西文明要媒合的证据了。但媒合的方法,必先要领得西洋科学的精神,然后用他来整理中国的旧学说,才能发生一种新义。如墨子的名学,不是曾经研究西洋名学的胡适君,不能看得十分透澈,就是证据。孔子的人生哲学与教育学,不是曾经研究西洋人生哲学与教育学的,也决不能十分透澈,可以适用于今日的中国。所以我们觉得返忆旧文明的兴会,不及欢迎新文明的浓至。因而对于杜威博士的生日,觉得比较那尚友古人尤为亲切。自今以后,孔子生日的纪念,再加了几次或几十次,孔子已经没有自身活动的表示;一般治孔学的人,是否于社会上有点贡献,是一个问题。博士的生日,加了几次以至几十次,博士不绝的创造,对于社会上必更有多大的贡献。这是我们用博士已往的历史可以推想而知的。兼且我们作孔子生日的纪念,与孔子没有直接的关系;我们作博士生日的庆祝,还可以直接请博士的赐教。所以对于博士的生日,我们觉得尤为亲切一点。我谨代表北京大学全体举一觞,祝杜威博士万岁!

在北京大学音乐研究会之演说词

（一九一九年十一月十一日）

今日为吾校音乐研究会开同乐会之日，溯自五月间，在青年会开会后，迄今已半载矣。中更停顿，无限感慨。音乐为美术之一种，与文化演进，有密切之关系。世界各国，为增进文化计，无不以科学与美术并重。吾国提倡科学，现已开始，美术则尚未也。欧洲各国，除有音乐专门学校以培植专门人才外，若音乐会，则时时有之。即小村落中，于星期日，亦在公园或咖啡馆内奏乐，若柏林、巴黎等大都会，更无论矣。吾国音乐，在秦以前颇为发达，此后反似退化。好音乐者，类皆个人为自娱起见，聊循旧谱，依式演奏而已。西洋音乐家，则往往有根据学理自制新谱者。盖创造之才，非独科学界所需要，美术界亦如是也。吾国今日尚无音乐学校，即吾校尚未能设正式之音乐科。然赖有学生之自动与导师之提倡，得以有此音乐研究会，未始非发展音乐之基础，所望在会诸君，知音乐为一种助进文化之利器，共同研究至高尚之乐理，而养成创造新谱之人材，采西乐之特长，以补中乐之缺点，而使之以时进步，庶不负建设此会之初意也。

在李超女士追悼会的演说

（一九一九年十一月二十九日）

今日为李超女士开追悼会，在李女士的境遇很可悼，我们自然要有追悼的表示。但我想与李女士同一境遇的，不知道有若干人。也不但是女子，就是男子，有这种悲惨境遇的也很多。我们要借这个会统统追悼他们一番。

胡适之先生所作的李女士传，与方才的演说，都是于追悼以外，说到解决不幸问题的方法，都是我所赞成的。但是偏于女子一方面。我的观察，是觉得男女两方有同样问题，所以不得不想出总解决的方法。

第一，是经济问题的解决。为了贫富不均，与财产权特别占有，不知牺牲了多少人的权利与生命。李女士不过其中的一人罢了。要是改变了现在经济组织，实行那"各尽所能，各取所需"的公则，再有与李女士一样好学的人，要求学，便求学，还有什么障碍呢？

第二，是退一步，单就教育问题解决他。现在各国都有"义务教育"，不管有钱没钱，都有受教育的机会，不过限于初等教育就是了。要是改了教育制度，凡有中等高等的教育，都可以随意听受，不要花钱，那凡有与李女士一样好学的人，要求学，便求学，还有什么障碍呢？

第三，是再退一步，单就教育界的一部分解决他。外国有钱的人，常常捐了学额的基金，把他利息帮助没钱的学生。近年，北京大学，设了一个"成美学会"，捐款虽然不多，却也帮助了好几个苦学生。若是各学校，都有这一种的组织，遇着李女士这种问题，他家里不肯接济款项，自然有接济他的机关，还有什么障碍呢？

李女士是已经死了，我们止好追悼一回罢了。我们应当想一个解决的方法，不要再见无数李女士的悲惨境遇，再来开无数的追悼会，这是我们应当觉悟的。

文化运动不要忘了美育

（一九一九年十二月一日）

现在文化运动已经由欧美各国传到中国了。解放呵！创造呵！新思潮呵！新生活呵！在各种周报日报上，已经数见不鲜了，但文化不是简单，是复杂的。运动不是空谈，是要实行的。要透澈复杂的真相，应研究科学。要鼓励实行的兴会，应利用美术。科学的教育在中国可算有萌芽了。美术的教育，除了小学校中机械性的音乐图画以外，简截可说是没有。

不是用美术的教育，提起一种超越利害的兴趣，融合一种画分人我的僻见，保持一种永久平和的心境；单单凭那个性的冲动，环境的刺激，投入文化运动的潮流恐不免有下列三种的流弊：（一）看得很明白，责备他人也很周密，但是到了自己实行的机会，给小小的利害绊住，不能不牺牲主义。（二）借了很好的主义作护身符，放纵卑劣的欲望，到劣迹败露了，叫反对党把他的污点，影射到神圣主义上，增了发展的阻力。（三）想用简单的方法，短少的时间，达他的极端的主义，经了几次挫折，就觉得没有希望，发起厌世观，甚且自杀。这三种流弊，不是渐渐发见了么？一般自号觉醒的人，还能不注意么？

文化进步的国民，既然实施科学教育，尤要普及美术教育。专门练习的，既有美术学校、音乐学校、美术工艺学校、优伶学校等，大学校又设有文学、美学、美术史、乐理等讲座与研究所。普及社会的，有公开的美术馆或博物院，中间陈列品，或由私人捐赠，或用公款购置，都是非常珍贵的。有临时的展览会，有音乐会，有国立或公立的剧院，或演歌舞剧，或演科白剧，都是由著名的文学家音乐家编制的。演剧的人，多是受过专门教育，有理想有责任心的。市中大道，不但分行植树，并且间以花畦，逐次移植应时的花。几条大道的交叉点，必设广场，有大树，有喷泉，有花坛，有雕刻品，小的市镇，总有一个公园。大都会的公园，不止一处，又保存自然的林木，加以点缀，作为最自由的公园。一切公私的建筑，陈列器具，书肆与画肆的印刷品，各方面的广告，都是从美术家的意匠构成。所以不论哪一种人，都时时刻刻有接触美术的机会。我们现在除文字界，稍微有点新机外，别的还有什么？书画，是我们的国粹，都是模仿古人的。古人的书画，是有钱的收藏了，作为奢侈品不是给人人共见的。建筑雕刻，没有人研究。在嚣杂的剧院中，演那简单的音乐，卑鄙的戏曲。在市街上散步，只见飞扬尘土，横冲直撞的车马，商铺门上贴着无聊的春联，地摊上出售那恶俗的花纸。在这种环境中讨生活，什么能引起活泼高尚的感情呢？所以我很望致力文化运动诸君，不要忘了美育。

我之欧战观

（在政学会欢迎会演说，一九一九年十二月三日改定）

今日贵会开恳亲会，鄙人得随诸君子之后，躬逢其盛，欢欣莫名。鄙人对于政治方面，毫无经验，对于创造共和，亦未稍尽血汗之劳。欢迎两字，实不敢当。今日承贵会相招，命鄙人略述欧战之情形。鄙人近从欧洲归国，自应略有见闻。但鄙人并无军事上之知识，对于此次战争，自不能发挥其真谛。又此次战争，一方系同盟国，一方系协约国。鄙人来自法国，对于同盟国一方面，自必大有隔阂。兹以管窥所及，略为诸君子陈之。

欧战持久之原因。此次欧洲战争，牵连之国甚多，除欧洲一二小国外，其余各国，尽牵连在内。至战争最激烈者，则属德法俄三国，而尤以德法之战为最久。故鄙人所欲言者，为德法二国所以能持久之原因。

科学之发达。据鄙人观察，以为第一因科学之发达，第二因美术之发达。骤聆此论，似近迂腐，然其中却有真理。何以谓由于科学发达也？战争要品，厥惟军械；世界日近文明，军械亦日新月异。比利时之列日（Liege）炮台，为世界最著名者。当造此时，以为无论何种炮弹，皆能抵御，而德国秘制之巨炮，竟攻破之。是其战胜实由军械进步，而军械进步，实由科学进步。又粮饷尤为军事上要品。然为地力所限，不能为无已之加增。德国虑粮糈缺乏，恃科学之力，制造种种代用品以济之。又战争之初，德军得势，半亦由于交通之便利。德国之交通计画，于无事时预备已极周到；一值开战，则即为运输军队之用。其工程之完坚，组织之精密，无不源于科学。法为民主国，其军备不能如德之强。故开战之初，不免失败。然以科学发达之故，军械之制造，饷糈之调度，交通之设备，尚足与德抗衡，故能持久不敝，与德互有胜负。至俄国则版图虽较德法二国为大，而科学比较的不发达，军械不足，交通不便，遂一蹶而不振矣。

国民道德。然进而求之，战争以军人为主体。军备虽完，交通虽便，苟军人无舍身为国之公德，亦自无效。德国取侵略主义，法国取防御主义；主义虽不同，而为军人者，俱能奋勇前进。此由于国民之道德。俄国官吏有贪赃纳贿者，军官有私扣兵饷者；政治之腐败，已达极点；而国民教育，亦未普及。虽以德法二国之精兵与之，亦万不能操必胜之权。

道德与宗教。至道德之养成，有谓倚赖宗教者，其实不然。以此三国比较之，俄国最重宗教。莫斯科一市，即有教堂千余所。国家以希腊教为正教，对于异教之人，不禁虐待。犹太人因保守犹太旧教，屡受俄人虐遇。可见信仰宗教，实以俄人程度为最高。德国北方多奉耶教，南方多奉天主教。而德人对于宗教，并不极端信仰。即如星期日，各教堂虽均有教士演讲，而普通人不皆往听。至于大学生，则对于教士多非笑之。一元论哲学家如海开尔（Hecker）等，尤攻击宗教。法国人对于宗教，较之德人尤为浅薄；即如圣诞日，德国尚停市数日，饰树缀灯；法国则开市如常，并无何等点缀。至于教堂中常常涉足者，不过守旧党而已。自一八九二年至一九一二年，法国厉行政教分离之制，凡教士均不得在国立学校为教员，自小学以至大学皆然。此外反对宗教之学说，自服尔得尔（Voltaire）以来，不知有若干人。可见法国人对于宗教之态度矣。俄人宗教上之信仰，较德法人为高，而战争中之国民道德，乃远不如德法，可以见宗教与道德无大关系矣。

美术之作用。然则法德两国不甚信仰宗教，而一般人民何以有道德心？此即美术之作用。大凡生物之行动，无不由于意志。意志不能离知识与情感而单独进行。凡道德之关系功利者，伴乎知识，恃有科学之作用；而道德之超越功利者，伴乎情感，恃有美术之作用。美术作用有两方面：美与高是。

美与高。美者，都丽之状态；高者，刚大之状态。假如光风霁月，柳暗光明，在自然界本为好景。传之诗歌，写诸图画，亦使读者观者有潇洒绝尘之趣，是美之效用也。又如大海风涛，火山爆发，苟非身受其祸，罕不叹为壮观。美术中伟大雄强一类，其初虽使人惊怖，而神游其中，转足以引出伟大雄强之人生观。此高之效用也。

德法之民性。现今世界各国，拉丁民族之性质偏于美，而日耳曼民族之性质偏于高。德国鞠台（Goethe）之戏曲，都雷（Dürer）与呵尔拜因（Holbein）之图画，克林格（Klinger）之造象，皆于雄强之中带神秘性质。此偏于高者也。法国语调之温雅，罗科科（Rococo）时代建筑与器具之华丽，大卫（David）与英格尔（Ingres）等图画之清秀，皆偏于美者也。凡民族性质偏于高者，认定目的，即尽力以达之，无所谓劳苦，无所谓危险。观德军猛攻凡尔登之役，积尸如山，猛进不已；其毅力为何如！凡民族性质偏于美者，遇事均能从容应付，虽当颠沛流离之际，决不改其常度。观法人自开战以来,明知兵队之数,预备之周,均不及德,而临机应变,毫不张皇,当退则退,可进则进,若握有最后胜利之预算,而决不以目前之小利害动其心者:其雍容为何如!此可以见美术与国民性之关系。而战争持久之能力,源于美术之作用者,亦必非浅鲜矣。

帝国主义与人道主义。又有一层:此次战争,与帝国主义及人道主义之消长,有密切关系。使战争结果,同盟方面果占胜利,则必以德国为欧洲盟主,亦即为世界盟主,且将以军国主义支配全世界。又使协约方面而胜利,则必主张人道主义而消灭军国主义,使世界永久和平,何以言之?在昔生物学者有物竞争存优胜劣败之说,德国大文学家尼采(Nietsche)遂应用其说于人群,以为汰弱存强为人类进化公理,而以强者之怜闵(悯)弱者为奴隶道德。德国主战派遂应用其说于国际间,此军国主义之所以盛行也。然生物学者又有一派发见生物进化公例不在竞争而在互助。俄国无政府主义者克鲁巴特金(Kropodkin)亲王集其大成,而作《互助论》。其出版时本用英文,亦有他国文译本,然未为多数人所欢迎也。自此次战争开始,协约国一方面深信非互助无以敌德。既于协约各国间实验之,而《互助论》之销数乃大增。此即应用互助主义于国际而为人道主义昌明之见端也。吾人既反对帝国主义,而渴望人道主义,则希望协约国之胜利也,又复何疑?

北京孔德学校二周年纪念会演说词

（一九一九年十二月）

今日是我们孔德学校第二周年日纪念会，兼且把两年来学生所作的成绩品陈列起来，开个展览会。回想第一周年的纪念会，学生要少一半，成绩品还不够陈列，觉得一年来有点儿进步，是很可喜的。

今日尤可喜的，是学生的家属同我们华法教育会会员到会的很多，而且法国公使的代表雷锐先生，法国领事魏武达先生，上海华法教育会分会干事高博爱先生，北京华法教育会会员贝熙业大夫，都肯到会。照法国风俗，今日是圣诞节，宗教上有一种仪式。法国朋友竟肯腾出时间到我们这个会。这种赞助的热心，是我们很感谢的！

我们这个学校，用孔德先生的姓作标榜，并不是他一个人的学问以外都不用注意，且并不是就用他的哲学来教授小学生。我们是取他注重科学精神，研究社会组织的主义，来作我们教育的宗旨。为注重科学精神，所以各种教科，偏重实地观察，不单靠书本子同教室的讲授，偏重图画、手工、音乐、运动等科，给学生练习视觉、听觉、筋觉。为研究社会组织，给学生时时有共同操作的机会。就是今日用学生所制造的物品出售，用作图书馆的基本金；而且各室记算招待等事，都由学生若干人合力办事，也是这个作用。即如教授国文,注重白话文,且用注音字母来画一语音,不但给学生容易了解,也是有社会上互通情意较为便利起见。我们这宗教法,不知道对不对,想到会诸君有了我们学生的成绩品,必定有确当的批评,可以告我们。这是我们所最希望的。

在林德扬君追悼会之演说

(一九一九年十二月十四日)

今天上午北大学生会在法科大礼堂替林君德扬开追悼会,不过到会的人不多,而蔡先生仍旧在散会前赶到演说。林君的自杀,在《晨报》上看见,有赞成他的,也有反对他的,如今把蔡先生的意思记出来,给大家看看。八年十二月十四日下午八时陈兆楠记。

今天开这个追悼会是大家可怜他的自杀。林君的自杀,是北京大学生第一个自杀的人,我看林君的行略,也觉得可怜。然而中外自杀的人很多,像中国的妇女因为他的翁姑或夫婿的虐待愤而自杀的也很多;还有许多忠臣不肯事二朝,像明朝的臣子,因明朝亡了,就把自己一家杀光,再自杀的也不少;外国人也有因境遇不好而自杀的;还有男女的恋爱,因为不能偿他们的愿而自杀的;像这种自杀的人外国报纸上时常看见的。不过这种自杀和林君不同罢了。我想到两位中国人,他们的自杀同林君差不多,我如今先说两位的事迹。

一位是杨笃生先生,他在中国没有革命前就想排满。他到日本去做炸弹来实行暗害,不过壳子做不好,他就焦急起来。前清五大臣出洋的时候,有人放炸弹来暗杀他们,这个炸弹,就是杨先生做的，不过里面放点炸药，外面仍旧用药线引火的。后来杨先生到英国去求学，他一心要造炸弹，所以他专心用功物理化学等科；可惜他从前没有普通知识，他想从极短时间内一齐补完，是很困难的。因为他用脑过度，所以他的脑病就很厉害；他就买些"补脑剂"养养他的脑，但是一面又很用功，因此反而加剧起来。有一次英国开展览会，陈列许多机器，他就很欢喜，想仔细参观一回，总可以得到点法子；不料里面的东西太多了，他弄得茫无头绪。从此他就大失望了。那时杨先生在利佛浦。他同住的人看见他头上包着布，实在形容枯槁，憔悴得很。他就想到中国杀死几个满人，虽然拼了一命，也算尽他的心了！但是他的病实在重得很，从利佛浦到中国也等不及，他绝了回国的念头。他既然精疲力尽，想活着也无趣味，就投河而死。那时我在德国，幸亏吴稚晖先生在英国同几位同志替他料理后事。然而他这一死倒感动无数同志去继续他的事业，后来炸弹也精巧了，辛亥革命也成功，杨先生的志愿有人替他达到了！

一位是姚桢先生，对于革命也很出力的，当日本发布取缔留学生条件的时候，留学生多归国，奔走于革命运动。他就想在中国办一大学，收留这许多留学生。他想中国的学生何必要到日本去读书。那时我也在上海。姚先生也来同我商量过，但是经济困难达于极点，他用尽方法总是无效。他想办的就是中国公学，然而总没有能力去开办，他想绝望了，就投黄浦江而死。他这一死也激动了许多同志，后来居然成功，现在中国公学里面有大学部，虽停顿一次，幸能重振起来。姚先生的志愿，也有人替他达到了！

这两位先生都是因奋斗失败而自杀的，林君也因奋斗而自杀，所以同杨先生、姚先生差不多。林君先习化学，后习法律，他的脑筋也未免过敏。他对于"五四"运动很出力，并且创办国货店——抵制日货根本的方法。这是他的第一层意思。但是他理想的国货店，规模是很宏大的——这种小买卖算不得提倡国货，要自己能够制造出来。但是现在哪里能做到，他就心急得很，等不及慢慢的去做了，所以决然自杀，要想刺激他的同志，继续去实行他的计划，所以牺牲自己一身，做发展国货的广告。我想这是他的第二层意思。现在林君已死，不能再活了！只要我们活着的人努力去振兴国货，达到林君第二层的意思。追悼会虽然已经完了，我们继续去做是没有完的。追悼是可惜的意义。我们既然可惜他，就要体谅他的志愿去做完林君没有完的事体。这就是我的希望了！

去年五月四日以来的回顾与今后的希望

（一九二〇年一月）

去年五月四日，是学生界发生绝大变化的第一日。一转瞬间，已经过了一年了。我们回想，自去年五四运动以后，一般青年学生，抱着一种空前的奋斗精神，牺牲他们的可宝贵的光阴，忍受多少的痛苦，作种种警觉国人的工夫。这些努力，已有成效可观。维尔赛对德和约，我国大多数有知识的国民，本来多认我国为不应当屈服，但是因为学生界先有明显的表示，所以各界才继续加入，一直促成拒绝签字的结果。政府应付外交问题，利用国民公意作后援，这是第一次。到去年年底的时候，日本人要求我们政府同他直接交涉山东问题，也是一半靠着学生界运动拒绝，所以直接交涉，到今日还没有成了事实。一年以来，因为学生有了这种运动，各界人士也都渐渐知道注意国家的重要问题，这个影响实在不小。学生界除了对于政治的表示以外，对于社会也有根本的觉悟。他们知道政治问题的后面，还有较重要的社会问题，所以他们努力实行社会服务，如平民学校平民讲演，都一天比一天发达。这些事业，实在是救济中国的一种要着。况且他们从事这种事业，可以时时不忘作人表率的责任，因此求学更要勉力。他们和平民社会直接接触，更是增进阅历的一个好机会。

这是于公于私，两有益的。但是学生界的运动，虽然得了这样的效果，他们的损失，却也不小。人人都知道罢工罢市，损失很大，但是罢课的损失还要大。全国五十万中学以上的学生，罢了一日课，减少了将来学术上的效能，当有几何？要是从一日到十日，到一月，他的损失，还好计算么？况且有了罢课的话柄，就有懒得用工的学生，常常把这句话作为运动的目的，就是不罢课的时候除了若干真好学的学生以外，普通的就都不能安心用工。所以从罢课的问题提出以后，学术上的损失，实已不可限量。至于因群众运动的缘故，引起虚荣心、倚赖心，精神上的损失，也着实不小。然总没有比罢课问题的重要。

就上头所举的功效和损失比较起来，实在是损失的分量突过功效。依我看来，学生对于政治的运动，只是唤醒国民注意。他们运动所能收的效果，不过如此，不能再有所增加了，他们的责任，已经尽了。现在一般社会也都知道政治问题的重要，到了必要的时候他们也会对付的，不必要学生独担其任。现在学生方面最要紧的是专心研究学问。试问现在一切政治社会的大问题，没有学问，怎么解决？有了学问还恐怕解决不了吗？所以我希望自这周年纪念日起，前程远大的学生，要彻底觉悟：以前的成效万不要引以为功，以前的损失也不必再作无益的愧悔。"从前种种譬如昨日死，以后种种譬如今日生。"打定主义，无论何等问题，决不再用自杀的罢课政策。专心增进学识，修养道德，锻炼身体。如有余暇，可以服务社会，担负指导平民的责任，预备将来解决中国的——现在不能解决的——大问题，这就是我对于今年五月四日以后学生界的希望了。

工学互助团的大希望

（一九二〇年一月十五日）

现在各种集会中，我觉得最有希望的是少年中国学会。因为他的言论，他的举动，都质实得很，没有一点浮动与夸张的态度。这个学会的会员，现又发起一个工读互助团，他的宗旨与组织法，都非常质实。要是本着这个宗旨推行起来，不但中国青年求学问题有法解决，就是全中国最重大问题，全世界最重大问题，也不难解决。这真是大有希望的。不过我觉得读字不如学字的好，所以用学字。

请先讲工字，西人有句格言："人不是为食而生，是为生而食的。"我仿他的语调造一句："人不是为生而工，是为工而生的。"有一种作工的人，自己说是"谋生"，仿佛是为生而工的凭据。但这是经济界病的现状，决非全部的人生观。要是人仅仅为生而工，那么，石器时代的工作很可以谋生，何必进而作铜器作铁器呢？游猎的民族至今尚存，何必进而为农业工业呢？就说是实业的工作都是有益于生存的，何必又进而为纯粹的科学哲学与美术呢？且如古语"一年之计树谷，十年之计树木，百年之计树人"。人到能工的时候，断没有再活百年的，为什么要作"百年之计"呢？文学家美术家的著作往往受同时人的揶揄，非笑，直到死后几十年几百年，才受人崇拜。他们为什么要作这种工呢？

试验药品，试验飞艇飞机，探南北极，到荒僻地方采集博物标本，到野蛮社会考察野蛮民族状况，往往失了生命；科学家的新发明，哲学家的新主义，受旧社会反对，也往往失了生命。他们为什么要冒险作工呢？所以知道工是人生的天责，出于自然的冲动，决非是为生活的欲望强迫而成的。

人类以外的动物都能作工，昆虫中蜂蚁的工作是程度最高的。但他们一代传一代总是这样，是全靠本能的缘故。又如鹦鹉鹳鸽也能仿效人言，但他们听一句说一句，不能变化，这还是本能的作用。人的作工是一时有一时的变化，一代有一代的进步。因为人能学；所以学是工的预备，但是学与工有直接的，有间接的，有间接而又间接的。譬如学洗衣，学编织，学烹饪，学刷印，学制造小工艺，学贩卖报纸及坐柜（这都是工读互助团先拟试作的工），是直接的。因这种工作上材料的关系，想研究矿物学与生物学；因动作的关系，想研究力学；因热度色彩与化合化分的关系，想研究热学光学化学；因计算的关系，想研究数学、经济学；因视觉味觉的关系，想研究心理学；因美观的关系，想研究美学；因交际的关系，想研究社会学。这是间接的。又如为满足求真的志趣，与预备高深的工作，想研究纯粹的科学哲学；为满足审美的兴味，与调剂机械性工作的厌倦，想研究文学及图画雕刻音乐等美术，是间接而又间接的。在工学互助团中除每日作工四时外均可来学，是很方便的。

小工业的时代各作各的工，成绩总是有限；后来分工细了，工业大大的进步，这是互助的效果。从前劳工与资本家反对，劳工总是失败；后来同业的劳工联合起来，一国中各业的劳工联合起来，各国各业的劳工联合起来，资本家不能不让步了，这也是互助的效果。但是资本家与劳工还是对峙，还是互竞，所以工业上还免不了苦况。也有人说，贫富不平等的原因，就在教育不平等。一部分的人可以受高等教育，在学术上有点儿贡献，但不是独学便能成功，是靠多少师友的助力。况且学术为公，政治上虽然有国界；学术研究没有国界，所以能达到现在的程度，这是互助的效果。但是研究学术竟还是少数，有许多人进了小学不能进中学，进了中学不能进大学，少了许多人研究，学术的发展自然也受了限制了。要是经济的组织大大改变，全世界做成一个互助团体，全世界的人没有不是劳工，那工作的时间，一定都可以减少，那求学的机会，一定都可以平等，岂不是现在世界最难解决的问题，一切解决，成了最幸福的世界么？

凡事空话总不如实行，大的要从小的做起。要是我们空谈世界主义，一点没有实行的预备，柏拉图的"共和国"已经发表了三千年，不是至今还没有实现么？现在少年中国学会的工学互助团，是从小团体脚踏实地的做起。要是感动了全国各团体都照这样做起来，全中国的最重大问题也可解决。要是与世界各团体联合起来，统统一致了，那就世界最重大问题也统统解决了。这岂不是最大的希望么？

在北京大学平民夜校开学日的演说

（一九二〇年一月十八日）

今日为北京大学学生会平民夜校开学日，此事不惟关系重大，也是北京大学准许平民进去的第一日。从前这个地方，是不许旁人进去的；现在这个地方，人人都可以进去。从前马神庙北京大学挂着一块牌，写着"学堂重地，闲人免入"，以为全国最高的学府，只有大学学生同教员可以进去，旁人都是不能进去的——这种思想，在北京大学附近的人，尤其如此——现在这块牌已竟取去了。

北京大学第一步的改变，便是校役夜班之开办。于是二十多年的京师大学堂里面，听差的也可以求学。从前京师大学堂里面的听差，不过赚几个钱，喊几声大人老爷；现在北京大学替听差的开个校役夜班，他们晚上不当差的时候，也可以随便的求点学问。于是大学中无论何人，都有了受教育的权利。不过单是大学中人有受教育的权利，还不够，还要全国人享受这种权利才好。所以先从一部分做起，开办这个平民夜校。

"平民"的意思，是"人人都是平等的"。从前只有大学生可受大学的教育，旁人都不能够，这便算不得平等。现在大学生分其权利，开办这个平民夜校，于是平民也能到大学去受教育了，大学生为什么要办这个平民夜校呢？因为他们自己已竟有了学问，看见旁的兄弟姊妹没有学问，自己心中很难过！好像自己饱了，看见许多的兄弟姊妹都还饿着，自己心中就很难过一样。"一个人不但愁着肚子饿，而且怕脑子饿。"大学生看见许多弟弟妹妹的肚子饿，固然难过；他们看见你们的脑子饿，也是很难过的。因为人没有学问，不认识字，是很苦的一件事，甚至有写封信还要请人去写。要是自己会写，还受这种苦吗？我们有手而不能用，有目而不能见，我们心中一定很难过；我们的脑子饿了，看个电影也不能懂得，又何尝不是一样的苦呢？譬如大学生从小学到中学，现在又到大学，仿佛已经吃的很多。要是看见旁人没有学问，没有知识，常常受"脑饿"的痛苦，他们自己一定很难过，很不爽快——因为不平——所以愿为大家尽力，开办这个平民夜校。大学生一方面既有这种好意思，住在大学附近的人家，也把他的子弟送去求学。现在竟有四百多人，仿佛肚子饿了要去求食一样。这种意思，实在好极，也算不负了办平民夜校的热心。

办平民夜校的，固然要热心；我对于夜校的学生同家长，还有两层希望：

一、教职员既然拿出全副的精神教我们，我们进去一两天后，觉得没有什么新奇，于是就不去了。要是这样，仿佛也对不起教员的一番热心。

二、住在大学附近的，才有这种特别权利，那些住得较远的，不能享着这种权利的，你们应该觉得很难过，把你们所已知的传达给他们——你们的亲戚或朋友——使他们的子弟也入他们附近的平民夜校去求学。

这都是很要紧的，这也是我所望于办平民夜校的与你们的。

洪水与猛兽

（一九二〇年四月一日）

二千二百年前，中国有个哲学家孟轲，他说国家的历史，常是"一治一乱"的。他说第一次大乱，是四千二百年前的洪水。第二次大乱，是三千年前的猛兽。后来说到他那时候的大乱，是杨朱、墨翟的学说。他又把自己的距杨墨，比较禹的抑洪水，周公的驱猛兽。所以崇奉他的人，就说杨墨之害，甚于洪水猛兽。后来一个学者，要是攻击别种学说，总是袭用"甚于洪水猛兽"这句话。譬如唐宋儒家攻击佛老，用他。清朝程朱派攻击陆王派，也用他。现在旧派攻击新派，也用他。

我以为用洪水来比新思潮，很有几分相像。他的来势很勇猛，把旧日的习惯冲破了，总有一部的人感受痛苦，仿佛水源太旺，旧有的河槽，不能容受他，就泛滥岸上，把田庐都扫荡了。对付洪水，要是如鲧的用湮法，便愈湮愈决，不可收拾。所以禹改用导法，这些水归了江河，不但无害，反有灌溉之利了。对付新思潮，也要舍湮法用导法，让他自由发展，定是有利无害的。孟氏谓"禹之治水，行其所无事"，这正是旧派对付新派的好方法。

至于猛兽，恰好作军阀的写照。孟氏引公明仪的话："庖有肥肉，厩有肥马，民有饥色，野有饿莩，此率兽而食人也。"现在军阀的要人，都有几千万的家产，奢侈得了不得；别种好好作工的人，穷的饿死；这不是率兽食人的样子么？现在天津、北京的军人，受了要人的指使，乱打爱国的青年，岂不明明是猛兽的派头么？

所以中国现在的状况，可算洪水与猛兽竞争。要是有人能把猛兽驯伏了，来帮同疏导洪水，那中国就立刻太平了。

美术的起源

（一九二〇年五月至七月）

美术有狭义的，广义的。狭义的，是专指建筑、造像（雕刻）、图画与工艺美术（包装饰品等）等。广义的，是于上列各种美术外，又包含文学、音乐、舞蹈等。西洋人著的美术史，用狭义；美学或美术学，用广义。现在所讲的也用广义。

美术的分类，各家不同。今用 Fechner 与 Grasse 等说，分作动静两类：静的是空间的关系，动的是时间的关系。静的美术，普通也用图像美术的名词作范围。他的托始，是一种装饰品。最早的在身体上，其次在用具上，就是图案；又其次乃有独立的图像，就是造像与绘画。由静的美术，过渡到动的美术，是舞蹈，可算是活的图像。在低级民族，舞蹈时候，都有唱歌与器乐，我们就不免联想到诗韵与音乐。舞蹈、诗歌、音乐，都是动的美术。

我们要考求这些美术的起原，从哪里下手呢？照进化学的结论，人类是从他种动物进化的。我们一定要考究动物，是否有创造美术的能力？我们知道：植物有美丽的花，可以引诱虫类，助它播种。我们知道：动物界有雌雄淘汰的公例，雄的动物，往往有特别美丽的毛羽，可以诱导雌的，才能传种。动物已有美感，是无可疑的。但是这些动物，果有自己制造美术的能力么？有些美学家，说美术的冲动，起于游戏的冲动。动物有游戏冲动，可以公认。但是说到美术上的创造力，却与游戏不同。动物果有创造力么？有多数能歌的鸟，如黄莺等，很可以比我们的音乐。中国古书，如《吕氏春秋》等，还说"伶伦取竹制十二筒，听凤凰之鸣，以别十二律"云云，似乎音乐与歌鸟，很有关系。但他们是否是有意识的歌？无从证明。图像美术里面，造像绘画，是动物界绝对没有的。惟有造巢的能力，很可以与我们的建筑术竞胜。近来如 I. Rennie 著的 *Die Baukunst der Tiere*，如 T. Harting 著的 *De BouwkunstderDieren*，如 I. G. Wood 著的 *Homes Without Hands*，如 L. Büchner 著的 *Aus dem Geistesleben der Tiere*，如 G. Romanes 著的 *Animal Intelligence*，都对于动物造巢的技术，很多记述。就中最特别的，如蜜蜂的造窠，多数六角形小舍，合成圆穹形。蚁的垤，造成三十层到四十层的楼房，每层用十寸多长的支柱支起来；大厅的顶，于中央构成螺旋式，用十字式木材撑住。非洲的白蚁，有垤上构塔，高至五六迈当的；垤内分作堂、室、甬道等。美洲有一种海狸，在水滨造巢，两方入口都深入严冬不冻的水际；要巢旁的水，保持常度，掘一小池泄过量的水；并设有水门与沟渠。印度与南非都有一种织鸟，它们的巢是用木茎织成的。有一种缝鸟用植物的纤维，或偶然拾得人类所弃的线，缝大叶作巢，线的首尾都打一个结。在东印度与意大利，都有一种缝鸟，所用的线，是采了棉花，用喙纺成的。澳洲的叶鸟（造巢如叶）在住所以外，别设一个舞蹈厅。地基与各面，都用树枝交互织成；为免内面的不平坦，把那两端相交的叉形都向着外面。又搜集了许多陈列品，都是选那色彩鲜明的，如别的鸟类的毛羽、人用布帛的零片、闪光的小石与螺壳，或用树枝分架起来，或散布在入口的地面。这些都不能不认为一种的技术。但严格的考核起来，造巢的本能，恐还是生存上需要的条件。就是平齐、圆穹、等等，虽很合美的形式，未必不是为便于出入回旋起见。要是动物果有创造美术的能力，必能一代一代的进步；今既绝对不然，所以说到美术，不能不说是人类独占的了。

考求人类最早的美术，从两方面着手：一、是古代未开化民族所造的，是古物学的材料。二、是现代未开化民族所造的，是人类学的材料。人类学所得的材料，包括动静两类。古物学是偏于静的，且往往有脱节处。不是借助人类学，不容易了解。所以考求美术的原始，要用现代未开化民族的作品作主要材料。

现代未开化的民族，除欧洲外，各洲都还有。在亚洲，有 Andamanen 群岛的 Mincopie 人，锡兰东部的 Veddha 人，与西伯利亚北部的 Tchuktschen 人。在非洲，有 Kalahari 的 Buschmänner。在美洲，北有 Arkisch 的 Eskimo 人、Aleüten 的土人，南有 Feuerländer 群岛的土人、Brasilien 民国的 Botokuden 人。在澳洲有各地的土人。都是供给材料给我们的。

现在讲初民的美术，从静的美术起，先讲装饰。

从前达尔文遇着一个 Feuerländer 人，送他一方红布，看他作什么用。他并不制衣服，把这布撕成细条儿，送给同族，作身上的装饰。后来遇着澳洲土人，试试他，也是这个样子。除了 Eskimo 人，非衣服不能御寒外，其余初民，大抵看装饰，比衣服要紧得多。

装饰可分固着的、活动的两种：固着的，是身上刻文及穿耳、镶唇等；活动的，是巾、带、环、镯等。活动的装饰里面，最简单的是画身。这又与几种固着的装饰有关系，恐是最早的装饰。

除了 Eskimo 人，非全身盖护，不能御寒外，其余未开化民族，没有不画身的。澳洲土人旅行时，携一个袋鼠皮的行囊，里面必有红、黄、白三种颜料。每日必要在面部、肩部、胸部，点几点。最特殊的，是 Botokuden 人：有时除面部、臂部、胫部外，全身涂成黑色，用红色画一条界线在边上。或自顶至踵，平分左右；一半画黑色，一半不画。其余各民族画身的习惯，大略如下。

画上去的颜色：是红、黄、白、黑四种；红、黄最多。

所画的花样：是点、直线、曲线、十字、交叉纹等；眼边多用白色画圆圈。

所画的部位：是在额、面、项、肩、背、胸、四肢等，或全身。

画的时期：除前述澳洲土人每日略画外，童子成丁祝典、舞蹈会、丧期，均特别注意，如文明人着礼服的样子。也有在死人身上画的。

现在妇女用脂粉，外国马戏的小丑抹脸；中国唱戏的讲究脸谱，怕都是野蛮人画身的习惯遗传下来的。

他们为画的容易脱去，所以又有瘢痕与雕纹两种。暗色的澳洲土人与 Mincopie 人，是专用瘢痕的。黄色的 Buschmänner，古铜色的 Eskimo，是专用雕纹的。

瘢痕是用火石、蚌壳，或最古的刀类，在皮肤上，或肉际，割破。等他收口了，用一种灰白色颜料涂上去。有几处土人，要他瘢痕大一点，就从新创时起，时时把颜料填上去，或用一种植物的质渗进去。

瘢痕的式样：是点、直线、曲线、马蹄形、半月形等。

所在的地位：是面、胸、背、臂、股等。

时期：澳人自童子成丁的节日割起，随年岁加增。Mincopie人，自八岁起；十六岁或十八岁就完了。

雕纹是在雕过的部位，用一种研碎的颜料渗上去，也有用烟煤或火药的。经一次发炎，等全愈了，就现出永不褪的深蓝色。

雕纹的花样：在 Buschmänner 还简单，不过刻几条短的直线。Eskimo 人的就复杂了。有曲线，有交叉纹，或用多数平行线作扇面式，或作平行线与平列点，并在其间，作屈曲线，或多数正方形。

所雕的部位，是在面、肩、胸、腰、臂、胫等。

雕纹的流行，比瘢痕广而且久。《礼记·王制篇》："东方曰夷，被发文身。……南方曰蛮，雕题交趾。"《疏说》："题，额也。谓以丹青雕题其额。"是当时东南两方的蛮人，都有雕文的习惯。又《史记·吴太伯世家》："太伯、仲雍二人，乃奔荆蛮，文身断发。"应劭说："常在水中，断其发，文其身，以象龙子，故不见伤害。"墨子说："勾践剪发文身以治其国。"庄子说："宋人资章甫以适越，越人断发文身，无所用之。"似乎自商季至周季，越人总是有雕文的。《水浒传》里的史进，身上绣成九条龙。是宋元时代还有用雕文的。听说日本人至今还有。欧洲充水手的人，也有臂上雕纹的。我于一九〇八年，在德国 Leipzig 的年市场，见两个德国女子，用身上雕纹，售票纵观。我还藏着他们两人的摄影片。可见这种装饰，文明民族里面，也还不免呢。

Botokuden 人没有瘢痕，也没有雕纹，却有一种性质相近的固着装饰：就是唇、耳上的木塞子。这就叫作 Botopue，怕就是他们族名的缘起。他们小孩子七八岁，就在下唇与耳端穿一个扣状的孔，镶了软木的圆片。过多少时，渐渐儿扩大，直到直径四寸为止。就是有瘢痕或雕纹的民族，也有这一类的装饰：如 Buschmänner 的唇下镶木片，或象牙，或蛤壳，或石块；澳人鼻端穿小棍或环子：Eskimo 人耳端挂环子。耳环的装饰，一直到文明社会，也还不免。

从固定的装饰过渡到活动的，是发饰。各民族有剪去一部分的；有编成辫子，用象牙环、古铜环，束起来的；有编成发束，用兔尾、鸟羽，或金属扣作饰的；有用赭石和了油或用蜡涂上，堆成饼状的。现在满洲人的垂辫，全世界女子的梳髻，都是初民发饰的遗传。

头上活动的装饰，是头巾。凡是游猎民族，除 Eskimo 外，没有不裹头巾的。最简单的用 Pandance 的叶卷成。别种或用皮条，或用袋鼠毛、植物纤维编成。或用鸵鸟羽、鹰羽、七弦琴尾鸟羽、熊耳毛束成。或用新鲜的木料，刻作鸟羽形带起来。或用绳子穿黑的浆果与白的猴牙相间。或用草带缀一个鸵鸟蛋的壳，又插上鸟羽。或用袋鼠牙两小串，分挂两额。或用麻缕编成网式的头巾，又从左耳至右耳，插上黄色或白色鹦鹉羽编成的扇。且有头上戴一只鹭鸟，或一只乌鸦的。各种民族的冠巾，与现今欧美妇女冠上的鸟羽或鸟的外廓，都是从初民的头巾演成的。

其次颈饰：有木叶卷成的，或海狗皮切成的带子。有用植物纤维织成的，或兽毛织成的绳子。绳子上串的，是 Mangrove 树的子、红珊瑚、螺壳、玳瑁、鸟羽、兽骨、兽牙等，也有用人指骨的。满洲人所用的朝珠，与欧美妇女所用的颈饰，都是这一类。

其次腰饰：也有带子，用树叶、兽皮制成的；或是绳子，用植物纤维或人发编成的。绳子上往往系有腰裙：有用树叶编成的；有用鸵鸟羽，或蝙蝠毛，或松鼠毛束成的；有用短丝一排的；有用羚羊皮碎条一排，并缀上珠子或卵壳的。吾国周时有大带、素带等，唐以后，且有金带、银带、玉带等，现今军服也用革带，都起于初民的带子。又古人解说市字（即黻字），说人类先知蔽前，后知蔽后，似是起于羞耻的意识。但观未开化民族所用的腰裙，多用碎条，并没有遮蔽的作用。且澳洲男女合组的舞蹈会，未婚的女子有腰裙，已婚的不用。遇着一种不纯洁的会，妇人也系鸟羽编成的腰裙。有许多旅行家，说此等饰物，实因平日裸体，恬不为怪，正借饰物为刺激，与羞耻意识的说明恰相反。

至于四肢的装饰，是在臂上、胫上，系着与颈饰同样的带子，或绳子。后来稍稍进化一点的民族，才带镯子。

上头所说的颈饰、腰饰等等，Eskimo 都是没有的。他们的装饰品，是衣服：有裘，有衣缝上缀着的皮条、兽牙、骨类、金类制成的珠子、古铜的小钟。男子有一种上衣，在后面特别加长，很像兽尾。

综观初民身上的装饰，他们最认为有价值的，就是光彩。所以 Feuerländer 人见了玻片，就拿去作颈饰。Buschmänner 得了铜铁的环，算是幸福。他们没有工艺，得不到文明民族最光彩的装饰品。但是自然界有许多供给：如海滩上的螺壳，林木上的果实与枝茎，动物的毛羽与齿牙，他们也很满足了。

他们所用的颜色：第一是红。Goethe 曾说，红色为最能激动感情，所以初民很喜欢他。就是中国人古代尚绯衣，清朝尊红顶，也是这个缘故。其次是黄，又其次是白、是黑，大约冷色是很少选用。只有 Eskimo 人的唇钮，用绿色宝石，是很难得的。他们的选用颜色，与肤色很有关系。肤色黑暗的，喜用鲜明的色：所以澳人与 Mincopie 人用白色画身，澳人又用袋鼠白牙作颈饰。肤色鲜明的，喜用黑暗之色：所以 Feuerländer 人用黑色画身，Buschmänner 人用暗色珠子作饰品。

用鸟羽作饰品，不但取它的光彩与颜色，又取它的形式。因为它在静止的时候，仍有流动的感态。自原人时代，直到现在的文明社会，永远占着饰品的资格。其次螺壳，因为它的自然形式，很像用精细人工制成的，所以初民很喜欢它。但在文明社会，只作陈列品的加饰了。

初民的饰品，都是自然界供给，因为他们还没有制造美术品的能力。但是他们已不是纯任自然，他们也根据着美的观念，加过一番工夫。他们把毛皮切成条子，把兽牙木果等排成串子，把鸟羽编成束子，或扇形，结在头上，都含有美术的条件：就是均齐与节奏。第一条件，是从官肢的性质上来的；第二条件，是从饰品的性质上得来的。因为人的官肢，是左右均齐，所以遇着饰品，也爱均齐。要是例外的不均齐，就觉得可笑或可惊了。身上的瘢痕与雕纹，偶有不均齐的，这不是他们不爱均齐，是他们美术思想最幼稚的时代，还没有见到均齐的美处。节奏也不是开始就见到的，是他们把兽牙或螺壳等在一条绳子上串起来，渐渐儿看出节奏的关系了。Botokuden 人用黑的浆果与白的兽牙相间的串上，就是表示节奏的美丽。不过这还是两种原质的更换，别种兽牙与螺壳的排列法，或利用质料的差别，或利用颜色与大小的差别，也有很复杂的。

身上刻画的花纹，与颈饰腰饰上兽牙螺壳的排列法。都是图案一类；但都是附属在身上的。到他们的心量渐广，美的观念，寄托在身外的物品，才有器具上的图案。

他们有图案的器具，是盾、棍、刀、枪、弓、投射器、舟、橹、陶器、桶柄、箭袋、针袋等。

图案有用红、黄、白、黑、棕、蓝等颜料画的，有刻出的。

图案的花样：是点、直线、曲屈线、波纹线、十字、交叉线、三角形、方形、斜方形、卍字纹、圆形，或圆形中加点等。也有写蝙蝠、蜥蜴、蛇、鱼、鹿、海豹等全形的。写动物全形，自是摹拟自然。就是形学式的图案，也是用自然物或工艺品作模范：譬如十字是一种蜥蜴的花纹；梳形是一种蜂窠的凸纹；曲屈线相联，中狭旁广的，是一种蝙蝠的花纹；双层曲屈线，中有直线的，是蝮蛇的花纹；双钩卍字，是 Cassinauhe 蛇的花纹；浪纹参黑点的，是 Anaconda 蛇的花纹；菱形参填黑的四角形的，是 Lagunen 鱼的花纹。其余可以类推。因为他们所摹拟的，是动物的一部分，所以不容易推求。至于所摹拟的工艺品，是编物：最简单的陶器，勒出平行线、斜方线，都像编纹；有时在长枪上摹拟草篮的花纹，在盾上、棍上摹拟带纹、结纹。也有人说，陶器上的花纹，是怕它过于光滑，不易把持，所以刻上的。又有联想的关系，因陶器的发明，在编物以后，所以瓶釜一类，用筐篮作模范。军器的锋刃，最早是用绳或带系缚在柄上，后来有胶法嵌法了，但是绳带的联想仍在，所以画起来或刻起来了。Freiburg 的博物院中，有两条澳人的枪。他们的锋，一是用绳缚住的，一是用树胶黏住的。但是黏住的一条，也画上绳的样子，与那一条很相像。这就是联想作用的证据。但不论为把持的便利，或为联想的关系，他们既然刻画得很精致，那就是美术的作用。

初民的图案，又很容易与几种实用的记号相混，如文字，如所有权标志，如家族徽章，如宗教上或魔术上的符号，都是。但是排列得很匀称的，就不见得是文字与标志。描画得详细，不是单有轮廓的，就不见得是符号。不是一家族的在一种器具上同有的，就不见得是徽章。又参考他们土人的说明，自然容易辨别了。

图案上美的条件，第一是节奏。单简的，是用一种花样，重复了若干次。复杂的，是用两种以上的花样，重复了若干次。就是文明民族的图案，也是这样。第二是均齐。初民的图案，均齐的固然很多，不均齐的也很不少。例如澳人的三个狭盾，一个是在双弧线中间填曲屈线，左右同数，是均齐的。他一个，是两方均用双钩的曲屈线，但一端三数，一端四数。又一个，是两方均用丫纹，但一方二数，一方三数。为什么两方不同数？因为有一种动物的体纹是这样。他们纯粹是摹拟主义，所以不求均齐了。

图案的取材，全是人与动物，没有兼及植物。因为游猎民族，用猎得的动物作经济上的主要品。他们妇女虽亦捃拾植物，但作为副品，并不十分注意。所以刻画的时候，竟没有想到。

图案里面，有描出动物全体的，这就是图画的发端。Eskimo 人骨制的箭袋，竟雕成鹿形。又有两个针袋，一个是鱼形，又一个是海豹形。这就是造象的发端。

造象术是寒带的民族擅长一点儿。如 Hyperborä 人有骨制的人形、鱼形、海狗形等；Alëuten 人有鱼形、狐形等；Eskimo 人有海狗形等，都雕得颇精工，不是别种游猎民族所有的。

图画是各民族都很发达。但寒带的人，是刻在海象牙上；或用油调了红的黏土、黑的煤，画在海象皮上。所画的除动物形外，多是人生的状况，如雪舍、皮幕、行皮船、乘狗橇、用杈猎熊与海象等。据 Hildebrand 氏说，Tuhuktschen 人，曾画月球里的人，因为他画了一个戴厚帽的人，在一个圆圈的中心点。

别种游猎民族，如澳人、Buschmänner 人，都有摩崖的大幅。在鲜明的岩石上，就用各种颜色画上。在黑暗的岩壁上，先用坚石划纹，再填上鲜明的颜色。也有先用一种颜色填了底，再用别种颜色画上去的。澳人有在木制屋顶上，涂上烟煤，再用指甲作画的。又有在木制墓碑上，刻出图像的。

澳人用的颜色，以红、黄、白三种为主。黑的用木炭，蓝的不知出何等材料。调色用油。画好了，又用树胶涂上，叫他不褪。Buschmänner 人多用红、黄、棕、黑等色，间用绿色。调色用油或血。

图画的内容，动物形象最多，如袋鼠、象、犀、麒麟、水牛、各种羚羊、鬣狗、马、猿猴、鸵鸟、吐绶鸡、蛇、鱼、蟹、蜴蜥、甲虫等。也画人生状况：如猎兽、刺鱼、逐鸵鸟及舞蹈会等。间亦画树，并画屋、船等。

澳人的图画，最特别的，是西北方，上 Glenelg 山洞里面的人物画。第一洞中，在斜面黑壁上，用白色画一个人的上半截。头上有帽，带着红色的短线。面上画的眼鼻很清楚，其余都缺了。口是澳人从来不画的。面白，眼圈黑。又用红线黄线，描他的外廓。两只垂下的手，画出指形。身上有许多细纹，或者是瘢痕，或是皮衣。在他的右边，又画了四个女子，都注视这个人。头上都带着深蓝色的首饰，有两个带发束。第二洞中，有一个侧面人头的画，长二尺，宽十六寸。第三洞中，有一个人的像，长十尺六寸。自领以下，全用红色外套裹着，仅露手足。头向外面，用圈形的巾子围着。这个像是用红、黄、白三色画的。面上只画两眼。头巾外圈，界作许多红线，又仿佛写上几个字似的。

Buschmänner 的图画，最特别的是 Hemon 相近山洞中的盗牛图。图中一个 Buschmänner 的村落，藏着盗来的牛。被盗的 Kaffern 人追来了。一部分的 Buschmänner 人，驱着牛逃往他处；多数的拿了弓箭来对抗敌人。最可注意的，是 Buschmänner 人，躯干虽小，画的筋力很强；Kaffern 人虽然长大，但筋力是弱的。画中对于实物的形状的动作，很能表现出来。

这些游猎民族，虽然不知道现在的直线配景与空气映景等法，但他们已注意于远近不同的排列法，大约用上下相次来表明前后相次，与埃及人一样。他们的写象实物，很有可惊的技能。（一）因为他们有锐利的观察，与确实的印象。（二）因为他们的主动机关，与感觉机关，适当的应用。这两种，都是游猎时代生存竞争上所必需的。

在图画与雕象两种以外，又有一种类似雕象的美术，是假面。是西北海滨红印度人的制品，是出于不羁的想象力，与上面所述写实派的雕象与图画，很有点不同。动物样子最多，作人面的，也很不自然，故作妖魔的形状。与西藏黄教的假面差不多。

初民的美术，最有大影响的是舞蹈。可分为两种：一种是操练式（体操式），一种是游戏式（演剧式）。操练式舞蹈，最普及的是澳人的 Corroborris。Mincopie 人与 Eskimo 人，也都有类此的舞蹈。他们的举行，最重要的，是在两族间战后讲和的时候。其他如果蓏成熟、牡蛎收获、猎收丰多、儿童成丁、新年、病愈、丧毕、军队出发、与别族开始联欢等，也随时举行。举行的地方，或丛林中空地，或在村舍；Eskimo 人有时在雪舍中间。他们的时间，总在月夜，又点上火炬，与月光相映。舞蹈的总是男子，女子别组歌队，别有看客。有一个指挥人，或用双棍相击，或足蹴发音盘，作舞蹈的节拍。他们的舞蹈，总是由缓到急。虽然到了最急烈的时候，但没有不按着节拍的。

别有女子的舞蹈，大约排成行列，用上身摇曳；或两胫展缩作姿势。比男子的舞蹈，静细得多了。

游戏式舞蹈，多有摹拟动物的，如袋鼠式、野犬式、鸵鸟式、蝶式、蛙式等。也有摹拟人生的，以爱情与战斗为最普通。澳人并有摇船式、死人复活式等。

舞蹈的快乐，是用一种运动发表他感情的冲刺。要是内部冲刺得非常，外部还要拘束，就觉得不快。所以不能不为适应感情的运动。但是这种运动，过度放任，很容易疲乏，由快感变为不快感了。所以不能不有一种规则。初民的舞蹈，无论活动到何等激烈，总是按着节奏：这是很合于美感上条件的。

舞蹈的快乐，一方面是舞人，又一方面是看客。舞人的快乐，从筋骨活动上发生。看客的快乐，从感情移入上发生。因看客有一种快乐，推想到拟人的鬼神也有这种感情，于是有宗教式舞蹈。宗教式舞蹈，大约各民族都是有的；但见诸记载的，现在还止有澳人。他们供奉的魔鬼，叫作 Mindi，常有人在供奉他的地方，举行舞蹈。又有一种，在舞蹈的中间，擎出一个魔像的。总之舞蹈的起原，是专为娱乐，后来才组入宗教仪式，是可以推想出来的。

初民的舞蹈，多兼歌唱；歌唱的词句，就是诗。但他们独立的诗歌，也就不少。诗歌是一种语言，把个人内界或外界的感触，向着美的目标，用美的形式表示出来。所以诗歌可分作两大类：一是主观的，表示内界的感情与观念，就是表情诗（Lyrik）。一是客观的，表示外界的状况与事变，就是史诗与剧本。这两类都是用感情作要素，是从感情出来，仍影响到感情上去。

人类发表感情，最近的材料，与最自然的形式，是表情诗。他与语言最相近，用一种表情的语言，按着节奏慢慢儿念起来，就变为歌词了。《尚书》说："歌永言。"《礼记》说："言之不足，故长言之。长言之不足，故咏叹之。"就是这个意思。Ehrenreich氏曾说Botokuden人在晚上把昼间的感想咏叹起来，很有诗歌的意味。或说今日猎得很好，或说我们的首领是无畏的。他们每个人把这些话按着节奏的念起来，且再三的念起来。澳洲战士的歌，不是说刺他那里，就说我有什么武器。竟把这种同式的语，迭到若干句。均与普通语言，相去不远。

他们的歌词，多局于下等官能的范围，如大食大饮等。关于男女间的歌，也很少说到爱情的。很可以看出利己的特性。他总是为自己的命运发感想，若是与他人表同情的，除了惜别与挽词，就没有了。他们的同情，也限于亲属，一涉外人，便带有注意或仇视的意思。他们最喜欢嘲谑，有幸灾乐祸的习惯；对于残废的人，也要有诗词嘲谑他。偶然有出于好奇心的：如澳人初见汽车的喷烟，与商船的鹢首，都随口编作歌词。他们对于自然界的伟大与美丽，很少感触，这是他们过受自然压制的缘故。惟Eskimo人，有一首诗，描写山顶层云的状况，是很难得的。他的大意如下：

这很大的Koonak山在南方——我看见他——这很大的Koonak山在南方——我眺望他——这很亮的闪

> 光，从南方起来——我很惊讶——在 Koonak 山的那面——他扩充开来——仍是 Koonak 山——但用海包护起来了。——看呵！他（云）在南方什么样？——滚动而且变化——看呵！他在南方什么样——交互的演成美观。——他（山顶）所受包护的海——是变化的云——包护的海，交互的演成美观。

有些人，说诗歌是从史诗起的。这不过因为欧洲的文学史，从 Homer 的两首史诗起。不知道 Homer 以前，已经有许多非史的诗，不过不传罢了。大约史诗的发起，总在表情诗以后。澳洲人与 Mincopie 人的史诗，不过参杂节奏的散文；惟有 Eskimo 的童话，是完全按着节奏编的。

普通游猎民族的史诗，多说动物生活与神话；Eskimo 多说人生。他们的著作，都是单量的（Ein Dimension），是线的样子。他们描写动物的性质，往往说到副品为止，很少能表示他特别性质，与奇异行为的。说人生也是这样，总是说好的坏的这些普通话，没有说到特性的。说年长未婚的人，总是可笑的。说妇女，总是能持家的。说寡妇，总是慈善的。说几个兄弟的社会，总是骄矜的、粗暴的、猜忌的。

Eskimo 有一篇小 Kagsagsuk 的史诗，算是程度较高的。他的大意如下：

> Kagsagsuk 是一个孤儿，寄养在一个穷的老妪家里。这老妪是住在别家门口的一个小窨，不能容 K.。K. 就在门口偎着狗睡，时时受大人与男女孩童的欺侮。他有

一日独自出游，越过一重山，忽然有求强的志愿，想起老妪所授魔术的咒语，就照式念着。有一神兽来了，用尾拂他，由他的身上排出许多海狗骨来，说这些就是阻碍他身体发展的。排了几次，愈排愈少，后来就没有了。回去的时候，觉的很有力了。但是遇着别的孩童欺侮他，他还是忍耐着。又日日去访神兽，觉得一日一日的强起来。有一回，神兽说道："现在够了！但是要忍耐着。等到冬季，海冻了，有大熊来，你去捕他。"他回去，有欺侮他的，他仍旧忍耐着。冬季到了，有人来报告："有三个大熊，在冰山上，没有人敢近他。"K.听到了，告他的养母要去看看。养母嘲笑他道："好，你给我带两张熊皮来，可作褥子同盖被。"他出去的时候，大家都笑看他。他跑到冰山上，把一只熊打死了，掷给众人，让他们分配去。又把那两只都打死了，剥了皮，带回家去，送给养母，说是褥子与盖被来了。那时候邻近的人，平日轻蔑他的，都备了酒肉，请他饮食，待他很恳切。他有点醉了，向一个替他取水的女孩子道谢的时候，忽然把这个女孩子捋死了。女孩子的父母不敢露出恨他的意思。忽然一群男孩子来了，他刚同他们说应该去猎海狗的话，忽然逼进队里，把一群孩子都打死了。他们这些父母，都不敢露出恨他的意思。他忽然复仇心大发了，把从前欺侮他的人，不管男女壮少，统统打死了。剩了一部分苦人，向来不欺侮他的，他同他们很要好，同消受那冬期的储蓄品。他挑了一只最好的船，很勤的练习航海术，常常作远游，有时往南，有时往北。他心里觉得很自矜了，他那武勇的名誉也传遍全地方了。

多数美术史家与美学家，都当剧本是诗歌最后的；这却不然。演剧的要素，就是语言与姿态同时发表。要是用这个定义，那初民的讲演，就是演剧了。初民讲演一段故事，从没有单纯口讲的，一定随着语言，做出种种相当的姿势。如 Buschmänner 遇着代何种动物说语，就把口做成那一个动物的口式。Eskimo 的讲演，述哪一种人的话，就学哪一种人的音调，学得很像。我们只要看儿童们讲故事，没有不连着神情与姿态的，就知道演剧的形式是很自然、很原始的了。所以纯粹的史诗，倒是诗歌三式中最后的一式。

普通人对于演剧的观念，或不在兼有姿态的讲演，反重在不止一人的演作。就这个狭义上观察，也觉得在低级民族，早已开始了。第一层，在 Grönland 有两人对唱的诗，并不单是口唱，各做出许多姿态，就是演剧的样子。而且这种对唱，在澳洲也是常见的。第二层，游戏式舞蹈，也是演剧的初步。由对唱到演剧，是添上地位的转动。由舞蹈到演剧，是添上适合姿态的语言。讲到内部的关系，就很不容易区别了。

Alëuten 人有一出哑戏。他的内容，是一个人带着弓，作猎人的样子；别一个人扮了一只鸟。猎人见了鸟，做出很爱他，不愿害他的样子。但是鸟要跳了，猎人很着急，自己计较了许久，到底张起弓来，把鸟射死了。猎人高兴得跳舞起来。忽然，他不安了，悔了。于是乎哭起来了。那只死鸟又活了，化了一个美女，与猎人挽着臂走了。

澳洲人也有一出哑戏，但有一个全剧指挥人，于每幕中助以很高的歌声。第一幕，是群牛从林中出来，在草地上游戏。这些牛，都是土人扮演的，画出相当的花纹。每一牛的姿态，都很合自然。第二幕，是一群人向这牧群中来，用枪刺两牛；剥皮切肉，都做得很详细。第三幕，是听着林中有马蹄声起来了，不多时，现出白人的马队，放了枪把黑人打退了；不多时，黑人又集合起来，冲过白人一面来，把白人打退了，逐出去了。

这些哑戏，虽然没有相当的诗词，但他们编制，很有诗的意境。

在文明社会，诗歌势力的伸张，半亦是印刷术发明以后，传播便利的缘故。初民既没有印刷，又没有文字，专靠口耳相传，已经不能很广了。他们语音相同的范围又是很狭。他们的诗歌，除了本族以外，传到邻近，就同音乐谱一样了。

文明社会，受诗歌的影响，有很大的：如希腊人与 Homer，意大利人与 Dante，德意志人与 Goethe，是最著的例。初民对于诗歌，自然没有这么大影响；但是他们的需要，也觉得同生活的器具一样。Stokes 氏曾说，他的同伴土人 Miago 遇着何等对象，都很容易，很敏捷的构成歌词。而且说，不是他一人有特别的天才，凡澳人普通如此。Eskimo 人，也是各有各的诗。所以他们并不什么样的崇拜诗人，但是对于诗歌的价值，是普通承认的。

与舞蹈诗歌相连的，是音乐。初民的舞蹈，几乎没有不兼音乐的。仿佛还偏重音乐一点儿。Eskimo 舞蹈的地方，叫作歌场（Quaggi）；Mincopie 人的舞蹈节，叫作音乐节。

初民的唱歌，偏重节奏，不用和声，他们的音程也很简单，有用三声的，有用四声的，有用六声的；对于音程，常不免随意出入。Buschmänner 的音乐天才，算是最高；欧人把欧洲的歌教他们，他们很能仿效。Lichtenstein 氏还说，很愿意听他们的单音歌。

他们所以偏重节奏的原故：一、是因他本用在舞蹈会上；二、是乐器的关系。

初民的乐器，大部分是为拍子设的。最重要的是鼓，惟 Botokuden 人没有这个；其余都是有一种，或有好几种。最早的形式，怕就是澳洲女子在舞蹈会上所用的，是一种绷紧过的袋鼠皮，平日还可以披在肩上作外套的；有时候把土卷在里面。至于用兽皮绷在木头上面的作法，是在 Melanesier 见到的。澳北 Queenländer 有一种最早的形式，是一根坚木制成的粗棍，打起来声音很强。这种声杖，恰可以过渡到 Mincopie 人的声盘。声盘是舞蹈会中指挥人用的，是一种盾状的片子，用坚木制成的；长五尺，宽二尺；一面凸起，一面凹下；凹下的一面，用白垩画成花纹。用的时候，凹面向下；把窄的一端嵌入地平，指挥人把一足踏住了；为加增嘈音起见，在宽的一端，垫上一块石头。Eskimo 人用一种有柄的扁鼓：他的箍与柄，都是木制，或用狼的腿骨制；他的皮，是用海狗的，或驯鹿的；直径三尺；用长十寸粗一寸的棍子打的。Buschmänner 的鼓，荷兰人叫作 Rommelpott，是用一张皮绷在开口的土瓶或木桶上面，用指头打的。

Eskimo 人、Mincopie 人，与一部分的澳洲人，除了鼓，差不多没有别的乐器了。独有澳北 Port Essington 土人有一种箫，用竹管制的，长二三尺，用鼻孔吹他。Botokuden 人没有鼓，有两种吹的乐器：一是箫，用 Taquara 管制的，管底穿几个孔，是妇女吹的。一是角，用大带兽的尾皮制的。

Buschmänner 有用弦的乐器。有几种不是他们自己创造的：一种叫 Guitare，是从非洲黑人得来。一种壶卢琴，从 Hottentotten 得来。壶卢琴是木制的底子，缀上一个壶卢，可以加添反响；有一条弦，又加上一个环，可以申缩他颤声的部分。止有 Gora，可信是 Buschmänner，固有的，最早的弦器，他是弓的变形。他有一弦，在弦端与木槽的中间，有一根切成薄片的羽茎插入，这个羽茎，由奏乐的用唇扣着，凭着呼吸去生出颤动来，如吹洞箫的样子。这种由口气发生的谐声，一定很弱；他那拿这乐器的右手特将第二指插在耳孔，给自己的声觉强一点儿。他们奏起来，竟可到一点钟的长久。

总之，初民的音乐，唱歌比器乐发达一点。两种都不过小调子，又是偏重节奏，那谐声是不注意的。他那音程，一、是比较的简单；二、是高度不能确定。

至于音乐的起原，依达尔文说，是我们祖先在动物时代，借这个刺激的作用，去引诱异性的。凡是雄的动物，当生殖欲发动的时候，鸣声常特别发展：不但用以自娱，且用以求媚于异性。所以音乐上的主动与受动，全是雌雄淘汰的结果。但诱导异性的作用，并非专尚柔媚，也有表示勇敢的。譬如雄鸟的美翅，固是柔媚的；牡狮的长鬣，却是勇敢的。所以音乐上遗传的，也有激昂一派，可以催起战争的兴会。现在行军的没有不奏军乐：据 Buckler 与 Thomas 所记，澳洲土人将要战斗的时候，也是把唱歌与舞蹈激起他们的勇气来。

又如叔本华说各种美术，都有摹仿自然的痕迹，独有音乐不是这样；所以音乐是最高尚的美术。但据 Abbe Dubos 的研究，音乐也与他种美术一样，有摹仿自然的。照历史上及我们经验上的证明，却不能说音乐是绝对没有摹仿性的。

要之音乐的发端，不外乎感情的表出。有快乐的感情，就演出快乐的声调。有悲惨的感情，就演出悲惨的声调。这种快乐或悲惨的声调，又能引起听众同样的感情。还有他种郁愤、恬淡等等感情，都是这样。可以说是人类交通感情的工具。斯宾塞尔说："最初的音乐，是感情激动时候加重的语调。"是最近理的。如初民的音乐，声音的高度，还没有确定，也是与语调相近的一端。

现在综合起来，觉得文明人所有的美术，初民都有一点儿。就是诗歌三体，也已经不是混合的初型，早已分道进行了。止有建筑术，游猎民族的天幕、小舍，完全为避风雨起见，还没有美术的形式。

我们一看他们的美术品，自然觉得同文明人的著作比较，不但范围窄得多，而且程度也浅得多了。但是细细一考较，觉得他们所包含美术的条件：如节奏、均齐、对比、增高、调和等等，与文明人的美术一样。所以把他们的美术与现代美术比较，是数量的差别，比种类的差别大一点儿：他们的感情是窄一点儿，粗一点儿，材料是贫乏一点儿，形式是简单一点儿，粗野一点儿，理想的寄托，是幼稚一点儿。但是美术的动机、作用与目的，是完全与别的时代一样。

凡是美术的作为，最初是美术的冲动（这种冲动，是各别的，如音乐的冲动，图画的冲动，往往各不相干；不过文辞上可以用"美术的冲动"的共名罢了）。这种冲动，与游戏的冲动相伴，因为都没有外加的目的。又有几分与摹拟自然的冲动相伴，因而美术上都有点摹拟的痕迹。这种冲动，不必到什么样的文化程度，才能发生；但是那几种美术的冲动，发展到什么一种程度，却与文化程度有关。因为考察各种游猎民族，他们的美术，竟相类似：例如装饰、图象、舞蹈、诗歌、音乐等，无论最不相关的民族，如澳洲土人与 Eskimo 竟也看不出差别的性质来。所以 Taine 的"民族特性"理论，在初民还没有显著的痕迹。

这种彼此类似的原因，与他们的生活很有关系。除了音乐以外，各种美术的材料与形式，都受他们游猎生活的影响。看他们的图案，止摹拟动物与人形，还没有采及植物，就可以证明了。

Herder 与 Taine 二氏，断定文明人的美术，与气候很有关系。初民美术，未必不受气候的影响，但是从物产上间接来的。在文明人，交通便利，物产上已经不受气候的限制；所以他们美术上所受气候的影响，是精神上直接的。精神上直接的影响，在初民美术上，还没有显著的痕迹。

初民美术的开始，差不多都含有一种实际上目的：例如图案是应用的便利；装饰与舞蹈，是两性的媒介；诗歌舞蹈与音乐，是激起奋斗精神的作用；尤如家族的徽志，平和会的歌舞，与社会结合，有重要的关系。但各种美术的关系，却不是同等；大约那时候舞蹈是最重要的。看西洋美术史，希腊的人生观，寄在造象；中古时代的宗教观念，寄在寺院建筑；文艺中兴时代的新思潮，寄在图画；现在人的文化，寄在文学，都有一种偏重的倾向。总之，美术与社会的关系，是无论何等时代，都是显著的了。从柏拉图提出美育主义后，多少教育家都认美术是改进社会的工具。但文明时代，分工的结果，不是美术专家，几乎没有兼营美术的余地。那些工匠，日日营机械的工作，一点没有美术的作用参在里面,就觉枯燥的了不得;远不及初民工作的有趣。近如 Morris 痛恨于美术与工艺的隔离,提倡艺术化的劳动,倒是与初民美术的境象,有点相近。这是很可以研究的问题。

在国语讲习所的演说

（一九二〇年六月十三日）

为什么要有国语？一是对于国外的防御，一是求国内的统一。现在世界主义渐盛，似无国外防御的必要，但我们是弱国，且有强邻，不能不注意。国内的不统一，如省界，如南北的界，都是受方言的影响。

也有人说，我们语言虽然不统一，文字是统一的。但言文不一致的流弊很多。

用哪一种语言作国语？有人主张用北京语，但北京也有许多土语，不是大多数通行的。有主张用汉口话的（章太炎）。有主张用河南话的，说洛阳是全国的中心点。有主张用南京话的，说是现在普通话就是南京话，俗语有"蓝青官话"的成语，蓝青就是南京。也有主张用广东话的，说是广东话声音比较的多。但我们现在还没有一种方言比较表，可以指出那一地方的话是确占大多数，就不能武断用那一地方的。且标准地方最易起争执，即如北京是现在的首都，以地方论，比较的可占势力，但首都的话，不能一定有国语的资格。德国的语言，是以汉堡一带为准；柏林话算是土话。北京话没有入声，是必受大多数反对的。

所以国语的标准，决不能指定一种方言，还是用吴稚辉先生"近文的语"作标准，是妥当一点。现在通行的白话文，就是这一体。

提倡国语的次序 我们想造成一种国语，从哪里下手呢？第一是语音，第二是语法，第三是国语的文章。

语音 近三十年有许多人造简字，或仿日本假名，或仿欧洲速记法，最流行的，要算是王照君的字母，但同时并立的很多。民国元年，教育部特开了一个读音统一会，议决注音字母三十九个。在我个人意见：国音标记，最好是两种方法：一是完全革新的，就是仍用拉丁字母，从前教会中人已经用过了，日本也有这一种拼音法。一是为接近古音起见，简直用形声字上声的偏旁，来替代一切合体的字，大约至多用一千字，也就足了。第一法是有许多人主张的。第二法是我的私见，因为用这个方法，教授时有的便利，可以从古篆学起，学一字就懂这一字的所以这样写法，又许多字所以同一个音，觉得很有趣味，一定容易记得。但后来读音统一会议定的，却是这两法中间的一法。既然经过什么正式的会议议决的，比较的容纳多数意见，总胜于私人闭门造车的了。这三十九母虽然以北音为主，但是有入声有浊音，可算是南北音都有的。他所收不进的音，还可以加闰音，这也算很便当了。

这些字母所以名"注音字母"的缘故，是不许独立的。因为中国异义同音的字太多，怕得容易含混。但既有了简字，还要人人学那很复杂的字，也是不合人情，只要在不致误会的范围内去行用，也是自然而然的。现在如国语统一筹备会所议定"词的区号"，曾彝进君设旗语时所加偏旁的记号，左贯文君、钱玄同君所研究旧字的省笔，都是救济的方法。

我想现在先可应用在译名上。欧文的固有名词，向来用旧字译的，很繁很不划一。若照日本人用假名译西音的办法，规定用国音某字母代西文某字母，有缺的，在音近的字母上加一点记号。如国语统一筹备会所议决ㄛ母加"，"读若厄的办法是最便当不过的了。

这种办法不必经部定的手续，也不必公约，尽可自由试验。我若译音，一定要用这个方法，但附一个国音简字与西文字母对照表就比许多中国字的译名，或直写西文，或于中字译名下又注西文的都简便一点。

语法　中国人本来不大讲文法。古文的文法，只有《马氏文通》一部。白话的文法，现在还没有成书的。但是白话的文法，比古文简一点儿，比西文更简一点儿。懂得古文法的人，应用他在国语上，不怕不够；懂得西文法的人，应用他在国语上，更不患不够。先讲词品，西文的冠词、名词、代名词与静词，都分阴阳中三性，一多两数。我们的语言，是除了代名词有一多的分别外，其他是没有这种分别的。近来有人对于第三位的代名词，一定要分别，有用她字的，有用伊字的。但是觉得这种分别的是没有必要。譬如说一男一女的事，如用他字与她字才分别他们，固然恰好。若遇着两男或两女的，这种分别还有什么用呢？欧语的数词，十三到十九，单数都在十数前，二十一起英法是单数在十数后，德语仍是单数在前，但是百数仍在十数后，千数仍在百数后，就不一律了。最奇怪的，法文从七十起，没有独立的名：七十就叫六十同十，七十一、七十二等等就叫六十同十一、六十同十二等等。到了八十，就叫作四个二十；到了九十一、九十二，就叫作四个二十同十一，四个二十同十二等等。何等累赘！我们所用的数词，一切都按着十进，简便多了。静词的级数，动词的时间，止要加上更、最，或已、将等字，没有语尾变化。句法止主词在前，宾词在后，语词在中间，差不多没有例外。文言上还有倒句，如"尔无我诈，我无尔虞"等，语言并这个都没有。要是动词在名词后，定要加一个将字在名词前，仿佛日本语的远字，西文的有字。又文言中天圆地方山高水长等，名字与静词间不加字，在白话上总有一个是字，与西文相像。胡君适之曾作《国语的进化》一篇，载在第七卷三号的《新青年》上，很举了几种白话胜过文言的例。听说他著的国语法，不久可以出版，一定可以作语法的标准。

　　语体文　文章的开始，必是语体，后来为要便于记诵，变作整齐的句读，抑扬的音韵，这就是文言了。古人没有印刷，抄写也苦、繁重，不得不然。孔子说"言之不文，不能行远"，就是这个缘故。但是这种句调音调，是与人类审美的性情相投的，所以愈演愈精，一直到六朝人骈文，算是登峰造极了。物极必反，有韩昌黎、柳柳州等提倡古文，这也算文学上一次革命，与欧洲的文艺中兴一样。看韩、柳的传志，很看得出表示特性的眼光与手段，比东汉到唐初的碑文进步得多了。这一次进步，仿佛由图案画进为山水画、实物画的样子：从前是拘定均齐节奏，与颜色的映照，现在不拘拘此等，要按着实物、实景，来安排了。但是这种文体，传到宋元时代，又觉得与人类的性情不能适应，所以又有《水浒》《三国演义》等语体小说与演义。罗贯中的思想与所描写的模范人物，虽然不见得高妙；但把他所描写的，同陈承祚的原文或裴注所引的各书对照，觉得他的文体是显豁得多。把《水浒》同唐人的文言小说比较，那描写的技能，更显出大有进步。这仿佛西洋美术，从古典主义进到写实主义的样子：绘影绘光，不像从前单写通式的习惯了。但是许多语体小说里面，要算《石头记》是第一部。他的成书总在二百年以前。他那表面上反对父母强制婚姻，主张自由结婚；他反对肉欲，提倡真挚的爱情，又用悲剧的哲学的思想来打破爱情的缠缚；他反对禄蠹，提倡纯粹美感的文学；他反对历代阳尊阴卑、男尊女卑的习惯，说男污女洁，又说女子嫁了男人，沾染男人的习气，就坏了；他反对主奴的分别，贵公子与奴婢平等相待。他反对富贵人家的生活，提倡庄稼人的生活；他反对厚貌深情，赞成天真烂缦；他描写鬼怪，都从迷信的心理上描写，自己却立在迷信的外面。照这几层看来，他的价值已经了不得了。这种表面的长处还都是假象。他实在把前清康熙朝的种种伤心惨目的事实，寄托在美人香草的文字，所以说"满纸荒唐言，一把酸心泪"。他还把当时许多琐碎的事，都改变面目，穿插在里面。这是何等才情！何等笔力！我看过的书，只有德国第一诗人鞠台所著的《缶斯脱》（$Faust$）可与比拟。《缶斯脱》是鞠台费了六十余年的光阴漫漫儿著成的。表面上也讲爱情，讲宗教，讲思想行为的变迁，里面寄托他的文化观宇宙观。成书后到此刻是九十年了，注释的已经有数十家。大学文学科教授，差不多都有讲这个剧本的讲义，还没有定论，不是与我们那些《红楼梦》索隐、释真等等纷杂相像么？《石头记》是北京语，虽不能算是折衷的语体，但是他在文学上的价值，是没有别的书比得上他，又是我平日间研究过的，所以特别介绍一回。

国立北京大学校旗图说

（一九二〇年十月）

各国的国旗，虽然也有采用天象动物、王冠等等图案，但是用色彩作符号的占多数。法国三色旗，说是自由、平等、博爱三大主义的符号，是最彰明较著的。我国国旗用五色，说是表示五族共和，也是这一类。我们现在所定的校旗，右边是横列的红蓝黄三色，左边是纵列的白色，又于白色中间缀黑色的北大两篆文并环一黑圈，这是借作科学、哲学、玄学的符号。

我们都知道：各种色彩，都可用日光七色中几色化成的。我们又都知道：日光中七色，又可用三种主要色化成的；现在通行三色印刷术，就是应用这个原理。科学界的关系，也是如是。世界事物，难然复杂，总可以用科学说明他们；科学的名目，虽然也很复杂，总可以用三类包举他们。哪三类呢？第一，是现象的科学，如物理、化学等等；第二，是发生的科学，如历史学、生物进化学等等；第三，是系统的科学，如植物、动物、生理学等等。我们现在用红蓝黄三色，作这三类科学的符号。

我们都知道，白是七色的总和，自然也就是三色的总和了。我们又都知道，有一种哲学，把种种自然科学的公例贯串起来，演成普遍的原理，叫作自然哲学。我们又都知道，有几派哲学，把自然科学的原理，应用到精神科学，又把各方面的原理，统统贯串起来，如英国斯宾塞尔氏的综合哲学，法国孔德氏的实证哲学，就是。这种哲学，可以算是科学的总和；我们现在用总和七色的白来表示他。

但是人类求知的欲望，决不能以综合哲学与实证哲学为满足，必要侵入玄学的范围。但看法国当实证哲学盛行以后，还有别格逊的玄学，很受欢迎，就可算最显的例证了。玄学的对象，叔本华叫他作"没有理解的意志"；斯宾塞尔叫他作"不可知"；哈特曼叫他作"无意识"。道家叫作"玄"，释家叫作"涅槃"。总之，不能用科学的概念证明，全要用玄学的直觉照到的，就是了。所以我们用没有颜色的黑来代表他。

大学是包容各种学问的机关。我们固然要研究各种科学，但不能就此满足，所以研究融贯科学的哲学，但也不能就此满足，所以又研究根据科学而又超绝科学的玄学。科学的范围最广，哲学是窄一点儿，玄学更窄一点儿。就分门研究说，研究科学的人最多，其次哲学，其次玄学。就一人经历说，研究科学的时间最多，其次哲学，其次玄学。所以校旗上面，红蓝黄三色所占的面积最大，白次之，黑又次之。

这就是国立北京大学校旗所以用这几种色，而这几种色所占面积又不相同的缘故。

《法政学报》周年纪念会演说词

（一九二〇年十月）

今天是贵校《法政学报》周年纪念会，承王校长及学报诸同人招来演说。兄弟对于法政学问本外行，但对于《法政学报》一年的成绩，颇有感想。

兄弟将贵报第一期翻阅，见刘先生及高先生的发刊词，都是对于社会上看不起法政学生发出一番感慨。社会上所以看不起法政学生，也有原故的；但观一年来的《法政学报》，也可以去从前的病根了。

社会上所以看不起法政学生的是为什么？中国自维新以来，知道要取法外国，于是派留学生，办学校，以求栽培人材。那时候到日本学法政的很多，有大部分是入私立学校或入速成科，并不认真求学，甚有绝不到学校，也不读书，在日本过了多少时候，就买一张文凭回国了。中国新设的法政学校，也不知多少，大半不是认真教授，不过为谋利而已。这种法政毕业生，既买得新招牌，便自以为很有本领。而中国因为从前法政之腐败，也以为应该用新学生。哪晓得这般新学生，腐败一如旧官僚，加之学得外国钻营的新法，就变为"双料官僚"。因此之故，所以社会上大家就看不起他。

人在社会上，大抵有三类阶级。第一，尽力多而受报酬少的。这是最好的人，自然人人都欢迎他。第二，尽力与受报酬相当的。这也算是中等好人。第三，尽力少或未尝尽力（能力少或全无能力）而受报酬多的。这是最下等。譬如有人向一书店买书，所出之价，比所预想应出之价低（以较少的报酬得较大的效用），自然很欢喜；若所出之价，虽不比预想应出之价低，但是那店子却很老实，定价划一不二，东西买错也可以换的，这个店铺当然可以得信用；如果那店家专卖假货，或假冒招牌，像那假冒王麻子的；或映射王麻子的汪麻子旺麻子，谁肯相信他。从前那些糊里糊涂的法政学生，并没有一点真实学问，却要在社会上占优胜的地位，那就和假冒王麻子招牌去图高价的一样；就是对于社会不尽劳力而要受报酬多的人，当然人人看不起他。千万法政学生，虽多半是假冒招牌，但其中亦非无一二好人，不过群众心理大抵以大半数埋没少数，所以就一律看不起他们了。

日本甚么法政速成科现已无存，中国私立法政亦淘汰不少。兄弟两年前到北京的时候，还受了外来的刺激，对于法政学生，还没有看得起他。兄弟初到大学时，接见法科学生，也如此对他们说，那时兄弟听说多数法政学生，不是抱求学的目的，不过想借此取得资格而已。譬如法科学生，对于各种教员态度，就有种种不同。有一种教员，实心研究学问的，但是在政界没有甚么势力，他们就看不起他。有一种教员，在政界地位甚高的，但是为着做官忙，时常请假，讲义也老年不改的，而学生们都要去巴结他呀。他们心中，还存着那科举时代老师照应门生的观念呀！我当时对法科学生，已经揭穿这个话了。

后来兄弟读了贵报的发刊词，见得怎么的痛心疾首，才晓得诸君的一番自觉。兄弟以为这就是可以一洗从前法政学生的污点了。从前他们的心理，姑无论是正当与否，但这种学校，确确只好算是职业学校。职业学校，是专为毕业以后得饭碗的确无研究学理之必要。譬如泥水匠作了几年徒弟，晓得打墙便了，并不要求怎么新式或怎么才比从前的便利，怎么才比从前的坚固，或怎么才能够合于审美的观念。又譬如店子里的使用人，他并不要研究商业如何才能够发达，如何才能够迎合买者的心理，只要整天在柜子上做买卖，赚得碗饭吃便了，这就是我们中国职业教育的习惯。从前的法政大学，大抵都是用一种官僚教育职业教育。他们的旨趣，就是要学生不请假，把讲义背得熟，分数考得好，毕业后可以谋生便罢了，用不着出学报。学报就是超于职业教育以上而研究学理的用意。所以法政学生能出学报，就是把从前的病根都除去了。

大概办学报的利益有三：

一、可以提起学理的研究心。将来社会进步，法律政治或可以不要。但现在未到此境，也要求改良进步。要求法律政治的进步，就断非循诵条文可以了事，必要用功向学理方面研究。现在我国的专门教育，既不采英美的教授法（由教员指定参考书，令学生先行研究，然后由教员择要考问），反不用德法的教授法（由教员用新发明的来讲授，其他让学生自由研究），只是用现成的讲义，按部就班的去教学生。学生得了讲义，心满意足，安有进步？如今有了学报，学生必要发布议论，断不能抄讲义，必要于人人所知的讲义以外求新材料，就不能不研究学理了。

二、可以提起求新的思想。学报材料，后期应比前期好。可是每期必要有新材料，才可以引起读者的兴味。如第十期也和第一期一样，读者就讨厌了。所以学报不能不求进步，决不可自满，必要一期一期往新思想里求去。

　　三、可以提起公德心。职业教育是抢饭碗的教育。抢饭碗的结果，就分出优胜劣败。因为想要得胜，就不能不争分数；因为争分数之故，于是自己研究所得的便要秘密起来，留在心中，待考试时出之以求多得分数，好去博个第一。有了这种恶根性，将来在社会上便生出许多嫉妒害人的事来。有了学报，有新知识的，便要公之大众，无论同学不同学，都要告诉他。如无新知识可以告人时，还要用许多方法去求有可以告人的。这岂不是养成科学为公的公德心么？

　　由上所说，学报既可以脱职业教育的恶习，以提起人学理的研究心，又可促进进步的思想与养成非自利的公德心。兄弟对于《法政学报》以此意表示欢迎。

　　凡办报最困难的，是第一年编辑还没有熟练，销行也还没有把握。到有了一年的经验，基础就可以巩固，并且可以希望进步了。《法政学报》既有一年的基础，将来必有进步可知，愿以此祝《法政学报》之繁盛。

在北京高等师范学生自治会演说词

（一九二〇年十月）

今天是贵校第十一周的开学纪念日，又是学生自治会开始成立的第一日。纪念日是每年必有一次，每次纪念的内容不同。这第十一次的纪念，比较第十次必更有许多进步的报告，这是可喜的。我以为今日自治会的成立，更是可喜的了。

我们一听到"治"字，就想到有治者与被治者的分别。既有这种分别，两方便含有敌对的意思。虽是治者方面谋被治者的利益，愿意协助，但因有阶级隔在那里，好事往往也会变成坏事了。

我想学校应守的规则简单得很，不过卫生、学业、品行等等。关系卫生的，如宿舍的清洁、整齐，卧起有一定时刻等事。关系学业的，如按时自修，不旷废功课等。关于品行的，如在学校里不作贬损人格的坏事，在外边能保全自己的名誉，或保全学校团体的名誉。这都简单，人人容易想得到做得到的。我们既自认是人，尊重自己的人格，且尊重他人的人格，本无须他人代庖。但前人总不放心，必要用人替来管理，由是学校也生了治者——如学监、舍监都是——与被治者的阶级。在治者既像负担了被治者一生人格上的责任，必要一种模范人物，才能胜任。但是这种人才从哪里来呢？凡有学校的学监，地位既不及教员的隆重，并且他们的职务又极干燥无味，不如教员还可以增进自己的学问。单是宿舍起卧的时刻，或考试时的监场，检查等等琐事，在有学问有才能在社会上能得一个地位的，必不肯来担任。担任的往往因知识才能较差的。请这等人来干，或是死守规则过于严了，因此和学生发出恶感；或是太不守职过于宽了，样样通融；或仅对一部分宽了，又要开罪于他一部的学生。十余年来学校里闹风潮，起因往往都很小的。

学校事情本很简单，学生都可以管，既都让给管理员，学生便不知不觉的把一切学业自修卫生清洁种种责任，都交与管理员去做，自己一概可以不管的样子。譬如住在旅馆里的人，公文要件交在柜房，自己就不注意了。学生既是如此，所以种种不规则的事，层见叠出，闹出许多的笑话。有人以为是管理不好的缘故，愈加注意管理，教育部也屡屡下通令。无如依然无效，这实在是有人代为管理的原故。

现在诸君成立这个自治会，可以把治者与被治者的分别去掉，不要别人来管理了。所以我觉得今日的自治会，关系是重大的很。

况在贵校的自治会，比别校更觉紧要。因为凡人有种奇异心理，就是在一方吃了亏，要在他方去报复。如做媳妇吃了婆婆的苦，到自己做婆婆时便要报复媳妇。又如下属在上司前吃了亏，就照样去待他下属，这种例很多很多。学生既是被治的，将来出去办学校，当教习，一定也要治人。这正是流毒无穷的了。

诸君是高等师范生，实验这种自治的制度，我想有两方面益处：

（一）纵的方面：诸君自治比被治好的多，都自己试验过了；

将来出校转到中学或是师范学校，提倡自治总可以应用，断不至把自己从前所受的弊害，向别的学生图报复了。

（二）横的方面是："五四"以后，全国人以学生为先导，都愿意跟着学生的趋向走。如上海、杭州等处的闭市，官厅命令置之不顾，反肯听学生联合会的指挥，是实在的证据。民国从前也曾挂起自治的招牌，但不久就被政府取去。国民因为不懂自治，也就任他取去。如今学生实行自治作个先导，我们恁地做，且在平民学校、平民讲演中去劝别人做，平民自治虽比学校复杂些，但由简单做到较复杂方面，由学生传之各地方，一定可以提起国民自治的精神。所以我觉得诸君的自治会成立，更可以作贵校最大的纪念。敬祝学生自治会万岁！北京高等师范学校万岁！